火驱采油过程的腐蚀行为

陈　龙　潘竟军　陈莉娟　苏日古◎等编著

石油工業出版社

内容提要

本书主要介绍火驱注气和采油过程中存在的腐蚀环境因素及生产系统金属材质的腐蚀行为与防腐措施。通过模拟火驱典型生产工况，对井口、油套管、抽油泵、地面管线等装置开展了室内腐蚀模拟评价实验，总结分析了各种金属材质在火驱生产过程中的腐蚀行为和影响因素，并对材质优选及防腐措施给出了评价和建议。

本书可供从事稠油热采、钻完井工程、腐蚀与防护的工程技术人员参考。

图书在版编目（CIP）数据

火驱采油过程的腐蚀行为 / 陈龙等编著 . —北京：石油工业出版社，2024.6

ISBN 978-7-5183-6710-8

Ⅰ . ① 火… Ⅱ . ① 陈… Ⅲ . ① 火烧油层 – 热效驱油 – 金属材料 – 防腐 Ⅳ . ① TE357.44

中国国家版本馆 CIP 数据核字（2024）第 101567 号

出版发行：石油工业出版社
（北京安定门外安华里 2 区 1 号　100011）
网　址：www.petropub.com
编辑部：（010）64523541　　图书营销中心：（010）64523633
经　　销：全国新华书店
印　　刷：北京九州迅驰传媒文化有限公司

2024 年 6 月第 1 版　2024 年 6 月第 1 次印刷
787 × 1092 毫米　开本：1/16　印张：9. 75
字数：200 千字

定价：84.00 元
（如出现印装质量问题，我社图书营销中心负责调换）

编写组

组　　长：陈　龙

副 组 长：潘竞军　陈莉娟　苏日古

成　　员：李　杰　陈　森　陈登亚　孙江河　郭文轩

　　　　　计　玲　梁建军

前言

FOREWORD

火驱是仅次于注蒸汽开发的第二大稠油热力开采技术。由于火驱开采过程中只向油层中注入空气，地面不用建设蒸汽锅炉，具有热效率高、碳排放低的优势，在不适宜注蒸汽开采的中深层稠油油藏、缺水的荒漠地区及注蒸汽后稠油油藏转换开发方式等领域具有较大的应用潜力。火驱独特的技术特点决定了其生产过程中存在高温、氧气、二氧化碳、硫化氢、高矿化度盐水等复杂的腐蚀环境，目前已公开发表的文献中缺乏对火驱腐蚀过程系统性的研究和分析。为确保生产系统平稳运行，有必要对火驱油井及地面管线采用的金属材质开展腐蚀行为的评价及制定必要的防腐措施。

本书以新疆油田开展的火驱项目为依托，在参考国内外相关文献资料的基础上，针对火驱生产过程典型的腐蚀工况，选取稠油热采领域常用的井口、油套管、抽油泵、地面管线材质及部分耐腐蚀的高合金钢和不锈钢材质，开展了室内腐蚀评价研究。通过总结分析实验数据和实验结果，揭示了火驱生产过程中多种腐蚀因素并存条件下的腐蚀机理、腐蚀行为和主控因素，进行了常用腐蚀防护措施、涂层、缓蚀剂等防腐评价，并对生产系统材质优选及防腐措施给出了评价和建议。希望本书的出版能使读者全面了解火驱采油过程中的腐蚀行为及延缓油套管柱腐蚀的措施和方法，为火驱技术的推广应用尽一点绵薄之力。

由于编写人员水平所限，缺点和不足在所难免，恳请广大读者不吝赐教，提出宝贵意见，以便在以后的修订中逐步加以完善。

目录

CONTENTS

1 火驱采油腐蚀概述

1.1 火驱采油技术

稠油指在地层条件下黏度大于50mPa·s，或在油层温度下脱气原油黏度大于100mPa·s的高黏度重质原油。世界上稠油资源丰富。据统计，世界上常规原油地质储量大约为$4.6\times10^{11}m^3$，而稠油（包括高凝油）地质储量却高达$1.55\times10^{12}m^3$，是常规原油储量的3.4倍。我国稠油资源丰富，主要分布在新疆、辽河、胜利和河南等地区，累计探明稠油储量约20×10^8t。稠油不仅可作为能源使用，也是重要的化工资源。新疆地区稠油为全球稀缺的优质环烷基原油，是炼制火箭煤油、耐极寒机油、特种级沥青、高端白油等满足国家重大工程和国防尖端装备急需产品的稀缺资源，稠油开发意义重大。

稠油含轻质馏分少，胶质与沥青含量高，黏度高，密度高，解决稠油开采、集输问题的关键是降低稠油黏度，改善稠油在油层和井筒、地面管道中的流动性。目前，已形成以注蒸汽吞吐、蒸汽驱、水平井蒸汽辅助重力泄油等为主的稠油热采技术，以碱驱、聚合物驱等化学采油技术、微生物采油技术[1-3]为主的冷采技术。

火驱采油技术又称为火烧驱油或火烧油层[1-3]。火驱采油技术1920年在美国取得专利，1950—1951年在美国进行了第一次试验。我国于20世纪60年代在新疆油田黑油山进行了第一次火驱采油现场试验，近年来又先后在胜利郑408块、辽河油田杜66块、新疆油田红浅1区等油田进行了火驱采油现场试验。

火驱采油技术将空气或氧气注入油层，并将油层点燃，然后持续向油层注入氧化剂（空气或氧气）助燃形成移动的燃烧带。燃烧带前方的原油受热降黏、蒸馏，蒸馏的轻质油、气和燃烧烟气产生驱动作用；未被蒸馏的重质碳氢化合物的裂解产物——焦炭作为燃料，使油层燃烧不断蔓延扩大；高温下地层存在水、反应生成水形成高温蒸汽，携带大量的热量传递给前方油层，形成一个复杂的驱动过程，把原油驱向生产井，实现稠油开采。

火驱采油过程中，燃烧前缘从注入井向生产井方向推进，形成温度、压力、氧气饱和度及含油饱和度不同的数个区带[4]，可依次划分为空气区、燃烧区、蒸馏区和原油区等，如图1.1所示。空气区是燃烧过的区域，为已燃带，其中基本不再存有可供燃烧的有机燃料，被注入的空气充满。燃烧区温度最高，可达400℃以上，是氧气的消耗区，氧气浓度由于氧化反应而降低。蒸馏区处于燃烧区下游，一部分是由原油蒸馏与裂解产生的气态烃，另一部分是地层存在水与生成水经燃烧产生的蒸汽，原油区温度较低，含油饱和度高，渗流阻力较高。

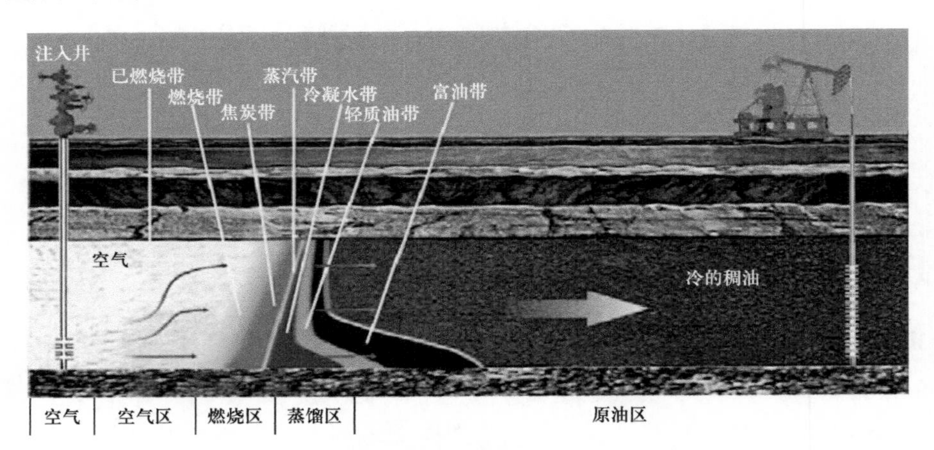

图 1.1　火驱采油区带划分

火驱采油技术具有热效率高、采收率高、节能环保的特点，理论上可适用于大部分稠油油藏，注蒸汽技术转变为火驱采油技术成为稠油绿色低碳开采的必然趋势。

火驱采油过程中向井筒注入高压氧气，地下燃烧产生的二氧化碳、可能残余的氧气由生产井采出，有些油藏产生硫化氢，以及地层高矿化度盐水等因素均会造成金属管材的腐蚀。

1.2　注气点火过程中的氧腐蚀

火驱开采需要向地层连续注入空气，为地层提供持续的氧气保证稳定燃烧，根据燃烧方式有干式注空气和湿式注空气[5]。干式注空气指火驱过程只向地层注入压缩空气，湿式注空气指在注空气的同时还向地层中注入一定量的水或者蒸汽。火驱不同阶段注气量不同，通常点火阶段注气压力高、注气量小，正常生产阶段注气量大，注气压力降低，一般采用螺杆 + 活塞压缩机的两级压缩机组合方式以满足各阶段变化的注气量、注气压力等要求。以新疆油田火驱先导试验为例，整体注气流程为：空气首先进入螺杆压缩机将空气压力提高至 0.8MPa，压缩的空气经过低压缓冲罐、风冷机后进入活塞压缩机进行二级压缩，将空气压力提高至 8～10MPa 后进入高压缓冲罐，经过配气管网及配气橇，实现单井注入和调节气量（图 1.2）。

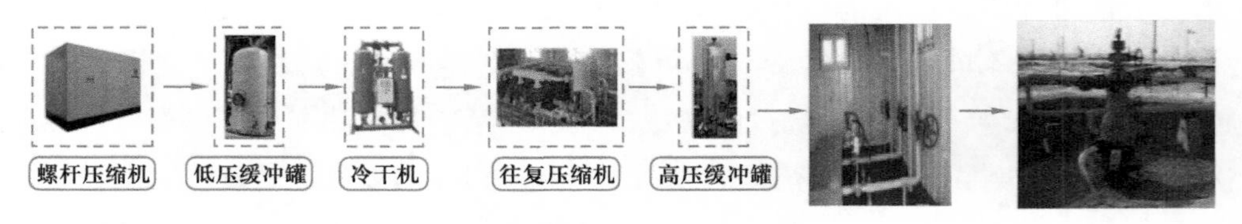

图 1.2　火驱注气工艺流程图

空气中含有21%的氧气，二氧化碳含量约为0.03%～0.04%，而水蒸气含量不大于0.023%。空气中二氧化碳的含量较低，因此空气对金属的腐蚀主要是氧的化学腐蚀。氧气压力超过0.02MPa（常压空气中的氧分压）时，普通碳钢的腐蚀速率已经达到行业标准的1.5～2倍。火驱注气系统压力高，氧分压较大，根据地质条件，注气压力从几个兆帕到几十兆帕，氧腐蚀不容忽略。空气在注入过程中，根据不同的注入工艺，其中的氧、水形成氧腐蚀环境，引起油套管和井口设备的化学腐蚀及电化学腐蚀，此外，在点火过程中井下存在400～500℃的高温环境会使油套管产生高温化学腐蚀——高温氧化。

2003年，胜利油田郑408块开展火驱采油先导试验[6]。试验采用干式注气燃烧工艺，2003年9月点火投产，注气井内温度为60℃、压力为20MPa，注气量为10m³/min。经过两年多连续注入空气，2006年7月作业时起出注气井管柱，发现N80油管腐蚀严重（套管材质为P110），大量铁锈沉积堵塞在油套环空挡风环处，堵塞注气通道。该井深1320m，400m以上腐蚀较轻，400～800m腐蚀严重，在1200m处油管断裂。油管腐蚀形貌如图1.3所示。失效分析显示，郑408注气井油、套管的腐蚀原因主要是由于高压氧气及空气中的凝析水造成的，上部管柱主要是氧腐蚀，下部腐蚀严重部位可能存在氧加速的酸性垢下腐蚀穿孔。

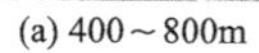

(a) 400～800m

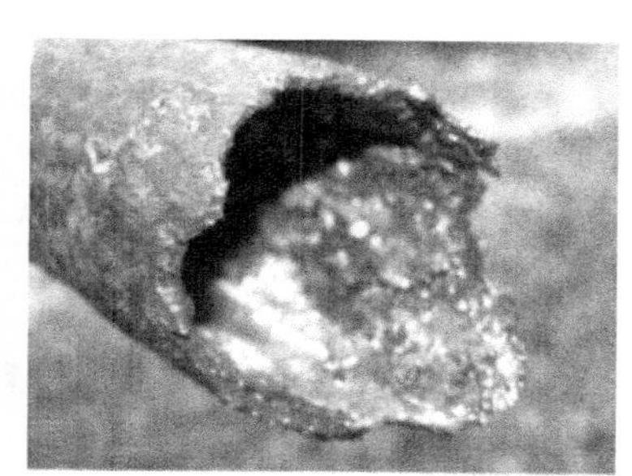

(b) 1200m

图1.3 郑408块油管腐蚀形貌

目前学术界对火驱注空气井工况条件下金属材质的腐蚀行为研究较少，新疆油田火驱项目组针对干式注空气火驱工艺条件下注气井口和油套管的腐蚀开展了相关研究[7-8]。下面结合学术界对于在水溶液中溶解氧的腐蚀行为相关研究进展，简要分析氧腐蚀的三个因素，水、氧含量和注气温度对注气井氧腐蚀的影响。

1.2.1 氧腐蚀机理

把金属浸泡在含氧水溶液中时，氧腐蚀会优先在金属表面的化学成分不均匀处或物理缺陷处（如裂隙、孔穴等）进行。基本的反应式[9-10]为：

阳极反应：

$$Fe \longrightarrow Fe^{2+}+2e \tag{1.1}$$

$$Fe^{2+}+2H_2O \longrightarrow Fe(OH)_2+2H^+ \tag{1.2}$$

阴极反应：

$$O_2+2H_2O+4e \longrightarrow 4OH^- \tag{1.3}$$

腐蚀生成的 $Fe(OH)_2$ 会进一步反应生成 $Fe(OH)_3$ 或 Fe_2O_3。在 O_2 不足的情况下，形成 Fe_3O_4。

$$4Fe(OH)_2+O_2+2H_2O \longrightarrow 4Fe(OH)_3 \tag{1.4}$$

$$Fe(OH)_2+2Fe(OH)_3 \longrightarrow Fe_3O_4+4H_2O \tag{1.5}$$

$Fe(OH)_3$ 性质不稳定，可进行分解：

$$2Fe(OH)_3 \longrightarrow Fe_2O_3+3H_2O \tag{1.6}$$

氧腐蚀过程通常包含四个步骤：

（1）氧通过空气 / 溶液界面溶入溶液。

（2）溶液中的氧通过液体的对流作用，迁移到阴极表面附近。

（3）阴极表面附近扩散层内的氧，在浓度梯度的作用下扩散到阴极表面。

（4）氧在阴极表面发生还原反应。

氧腐蚀时，阴极反应速度决定了材料的腐蚀速率，而阴极反应的速度一般由氧向阴极表面的扩散速度决定。扩散层厚度为 0.1～0.5mm。若通过搅拌增加扩散速度，且氧供应充分的情况下，氧的还原反应过程可能成为腐蚀的控制步骤。一般情况下，扩散速率较慢，氧在扩散层内向阴极表面的迁移是腐蚀过程的控制步骤。

从腐蚀电化学的角度来看，氧在腐蚀过程中起着双重作用：

（1）去极化剂作用。氧的去极化还原电极电位，高于氢离子去极化的还原电极电位，氧比氢离子更易发生去极化反应，因此会促进腐蚀反应的进行。

（2）阳极缓蚀剂作用。氧腐蚀使得金属表面形成腐蚀产物膜，抑制腐蚀的进行。

单一 O_2 介质的腐蚀条件下，对腐蚀过程有显著影响的因素主要是温度和 O_2 分压。温度会影响电化学反应的速度，因此温度升高通常导致腐蚀速率增大；O_2 分压增加则溶解氧浓度增加，通常会促进腐蚀速率的增大。

1.2.2 温度对氧腐蚀的影响

温度对钢材氧腐蚀的影响具有双重作用，一方面温度升高会加快腐蚀电化学反应的速度，导致腐蚀速率增大；另一方面，温度升高而溶解氧含量降低，导致氧腐蚀速率下降。参照工业管道和压力容器工作温度范围的划分习惯，可分为低温（−20～120℃）、中温（120～350℃）和高温（大于 350℃）环境。

图 1.4 所示为水溶液中不同氧分压下，P110 钢级的油套管在低温环境下不同温度时的

均匀腐蚀速率[11-13]。可以看出，随着温度增加，腐蚀速率增加，这应该是溶解氧电化学反应加快的结果。如前所述，温度升高，相同氧分压条件下，溶解氧含量下降，可能导致腐蚀速率下降，但从图中可以看出，温度升高对溶解氧含量下降的影响较小。相同的研究结果在 N80、17−4PH 等管材上也被观察到[14-15]。虽然也有研究指出，随着温度升高，腐蚀速率先升高后降低，但对于碳钢而言，这种降低通常较小，弱于温度升高对电化学反应加快的影响，因此不改变温度升高（不超过 120℃时）腐蚀速率总体增加的趋势。

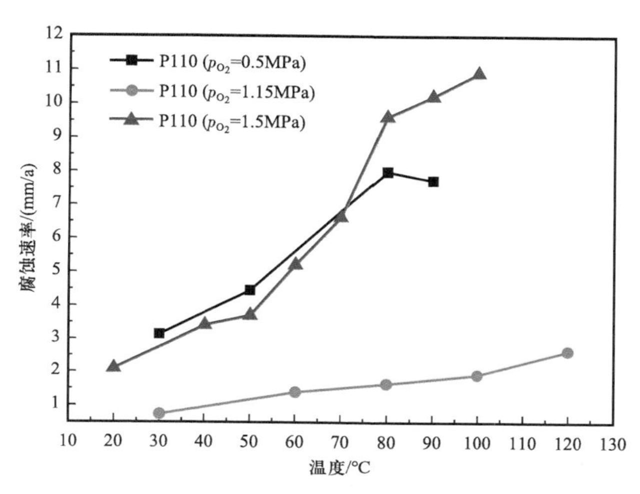

图 1.4 温度对 P110 钢氧腐蚀速率的影响

低温环境下，温度对溶解氧含量及电化学反应速度影响的大小，决定了影响腐蚀速率的主导因素。总体而言，温度对电化学反应速度的促进作用导致腐蚀速率的增加更为主要，但不同材质、不同腐蚀条件下，温度的影响规律又有所不同，这源于材质和腐蚀条件对于腐蚀产物膜形成的影响，需要结合实际工况具体分析。

火驱注空气点火过程温度可高达 500℃，持续时间一般为 5～15 天，此过程处于中温和高温环境，存在油套管高温氧腐蚀问题[7]。高温不仅使材料软化，还会使钢管氧化减薄。纯铁在空气或氧气中缓慢加热的氧化过程为[16]：

（1）到 200℃以前，缓慢生成 γ−Fe_2O_3 薄氧化膜，继而生成 Fe_3O_4 和 γ−Fe_2O_3 的双层氧化膜，该过程属于低温氧化阶段，其氧化动力学服从对数速度定律；

（2）温度在 200～400℃发生相变，立方结构 γ−Fe_2O_3 转变成六方刚玉结构 α−Fe_2O_3，形成 Fe_3O_4 和 α−Fe_2O_3 两层结构；

（3）温度在 400～575℃范围内，在 α−Fe_2O_3 层之下，Fe_3O_4 长大为较厚的膜层；

（4）温度大于 575℃，在 Fe_3O_4 膜层之下开始生成 FeO，氧化膜由 FeO、Fe_3O_4 和 Fe_2O_3 三相组成。

钢铁的高温氧化指钢铁在高温气相环境中和氧发生化学反应，转变为铁的氧化物的过程。

$$2Fe+O_2 \longrightarrow 2FeO \quad (1.7)$$

$$3Fe+2O_2 \longrightarrow Fe_3O_4 \quad (1.8)$$

$$4Fe+3O_2 \longrightarrow 2Fe_2O_3 \quad (1.9)$$

大量的高温氧化动力学研究结果表明，钢铁材料在中高温范围内的氧化都符合简单抛物线规律，氧化反应生成致密的厚膜，能对金属产生保护作用。原因在于钢铁表面形成完整的氧化物保护膜后，金属的氧化速率受半导体膜中的阳离子及阴离子（O^{2-}）扩散控制。

1.2.3 压力对氧腐蚀的影响

火驱采油注入空气压力一般为几兆帕到几十兆帕。根据亨利定律，腐蚀溶液中的溶解氧含量与腐蚀溶液表面的氧气分压成正比，满足关系式：

$$p_{O_2}=K_{O_2}\cdot X_{O_2} \quad (1.10)$$

式中 p_{O_2}——溶液中氧气的平衡分压；

K_{O_2}——亨利系数，与温度、压力和溶液的性质有关；

X_{O_2}——氧气在溶液中的摩尔分数。

例如，1 个标准大气压下，80℃时 3%NaCl 溶液中亨利系数 K_{O_2} 为 4.4GPa，氧气的浓度为 8.59mg/L。

氧气在溶液中的溶解含量随氧分压的增大而增大、随温度的升高而降低。根据张朝能等的研究[17]，不同压力和温度条件下水中溶解氧的计算公式为：

$$\rho_{O_2}=477.8p/p_0\,(T+32.36) \quad (1.11)$$

式中 ρ_{O_2}——溶解氧含量，mg/L；

p——实测空气压力，MPa；

p_0——标准大气压，MPa；

T——温度，℃。

常压下，不同温度时空气在水中的溶解氧含量如图 1.5 所示。确定温度下，压力增大则溶解氧含量成倍增加。

李海奎等[18]研究了静态条件下、不同氧分压下，N80、P110 钢级的油套管挂片 50℃时 120h 的腐蚀行为。腐蚀介质为 30g/L 的 NaCl 溶液，不同氧分压下溶液中的溶解氧含量见表 1.1 所示。氧分压不大于 0.5MPa 条件时，N80、P110 的腐蚀速率随着氧气压力增加迅速增加；而氧分压高于 0.5MPa 条件时，N80、P110 的腐蚀速率增速变缓；氧分压大于 1MPa 时，N80、P110 的腐蚀速率逐渐趋于平稳，如图 1.6 所示。也就是说，溶解氧含量不大于 136.87mg/L 时溶解氧含量对腐蚀速率的影响较大，而在溶解氧含量大于 130mg/L

时其对腐蚀速率的影响变小。对于 J55、P110S 等钢级的油套管而言[19-20]，其在不同氧分压下的腐蚀速率变化趋势与此相似，氧分压增加则腐蚀速率增加，但氧分压较大时其对均匀腐蚀的促进作用减小。Rybalka 等[14]对 17-4PH 钢在 NaCl 溶液中进行了 1%～100% 不同氧分压下的电化学研究，发现溶解氧含量的增加，促进活化表面上的阴极反应并加剧腐蚀，而在产生钝化的表面上则不会促进腐蚀，与以上的研究结论是一致的。

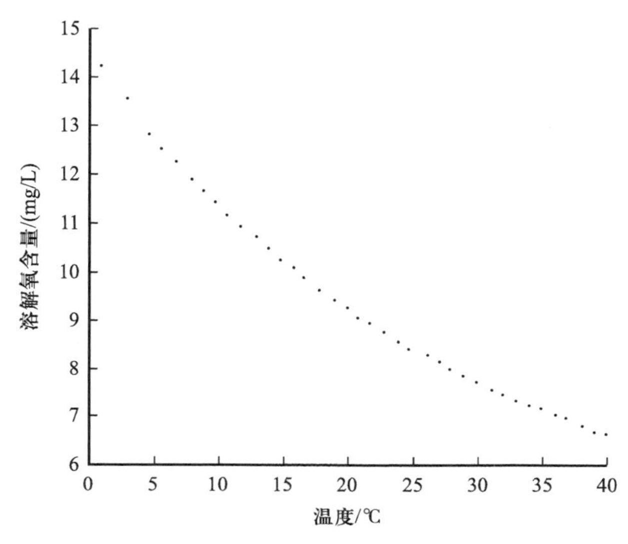

图 1.5 常压不同温度下空气在水中的溶解氧含量

表 1.1 不同氧分压下 30g/L NaCl 溶液中的溶解氧含量

氧分压 /MPa	0	0.02	0.2	0.5	1	2.5
溶解氧含量 /（mg/L）	0	5.46	54.75	136.87	273.73	684.33

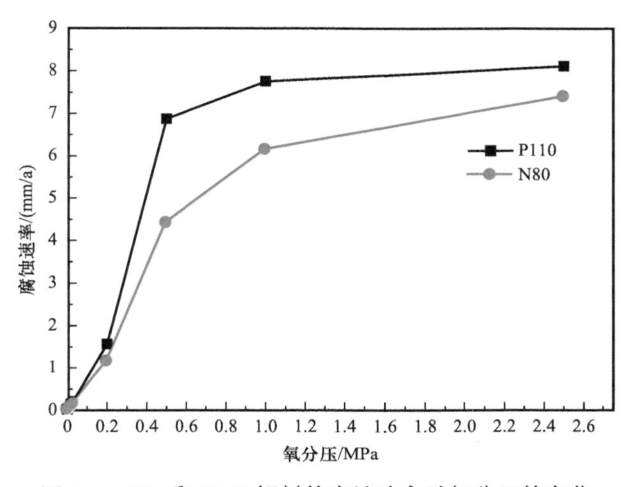

图 1.6 N80 和 P110 钢材的腐蚀速率随氧分压的变化

喻智明等[19]研究了氧分压对P110和P110S等钢级油套管局部腐蚀的影响。注入氧分压为0.003～0.05MPa潮湿空气时，点蚀严重，点蚀速率最大可达30mm/a。但是，点蚀速率随氧分压的增加而降低，如图1.7所示；氧分压大于0.05MPa时，以大面积的局部腐蚀为主，点蚀不明显。

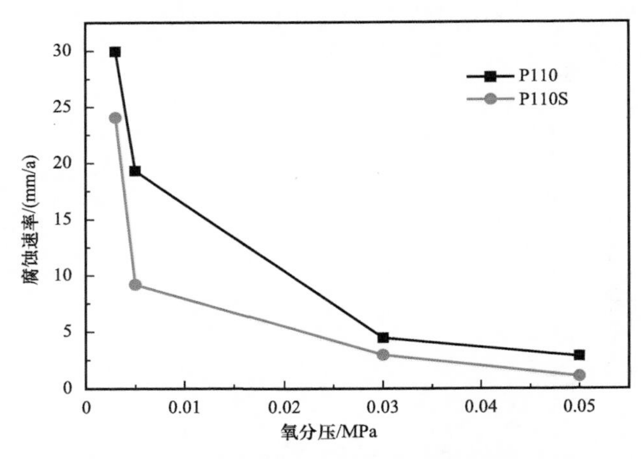

图1.7　P110和P110S钢级油套管局部腐蚀速率随氧分压的变化

以上的研究结果表明，氧分压决定了溶液中的氧含量，进而影响钢材的腐蚀速率。在低氧分压条件下溶解氧含量较低，氧腐蚀电化学反应主要受对流传质过程控制，即氧穿过溶液到达表面扩散层的过程，此时腐蚀速率随着氧分压的增大急剧加快，溶解氧含量决定腐蚀速率；在氧气压力较大时溶解氧充足，腐蚀电化学反应的控制过程为氧穿过表面扩散层的过程，氧分压对扩散过程影响小，对腐蚀速率影响也变小；同时，氧分压较大时易形成较厚的腐蚀产物，对局部腐蚀有一定的抑制作用。

1.2.4　含水对氧腐蚀的影响

自然条件下，由于空气中水蒸气含量较低，其对金属设备的氧电化学腐蚀危害较小。火驱采油时注气井管道输送介质为空气，干式燃烧方式注入干燥脱水后的干空气，湿式燃烧方式同时注入水和蒸汽，则可能形成不同的氧电化学腐蚀氛围。由此可知，注入空气的不同状态可能会给相关设备带来不同程度的氧腐蚀。

有关干空气和湿空气条件下氧腐蚀行为的差异，已有少量的研究报道。韩霞等[6]分析了郑408-试1注气井火烧驱油注气井油套管的腐蚀特点，进行了N80和P110钢级油套管的室内腐蚀模拟实验，在氧气分压为4MPa（注入空气压力20MPa，气体流速2m/s）时，分别进行了60℃潮湿空气和干空气下10天的腐蚀，结果发现潮湿空气下腐蚀速率远大于干空气，前者腐蚀速率是后者的数百倍，见表1.2。同时指出，Fe^{2+}在钢的表面被氧化形成Fe_2O_3腐蚀产物层，潮湿空气中氧对腐蚀产物层下钢的阴极过程起到了去极化作用，促进了阳极区铁的不断溶解[4]。

表 1.2　N80 和 P110 钢在潮湿空气和干空气中的腐蚀速率

材质	潮湿空气腐蚀速率 / (mm/a)	干空气腐蚀速率 / (mm/a)
N80	3.18	<0.076
P110	2.17	<0.076

喻智明等[19]研究了 30MPa 氮气加氧气的混合气注入时，纯注气和气水混注条件下 P110 和 P110S 钢级油套管的腐蚀行为，发现相同温度和氧分压条件下，气水混注时 P110 和 P110S 钢的腐蚀速率是纯注气时的 22～552 倍，如图 1.8 所示。氧分压较低时，影响较小，随氧分压增大，含水的潮湿空气腐蚀速率较干空气增加更快，在氧分压为 0.5MPa 时达到极大值。此外，纯注气工况下发生轻微点蚀，而气水混注时点蚀严重。N80、J55 和 3Cr 钢气水混注工况下的腐蚀速率同样远高于纯注气工况下的腐蚀速率。

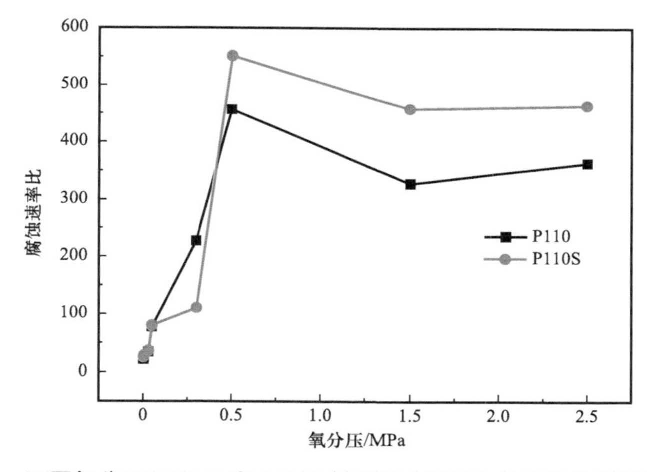

图 1.8　不同氧分压下 P110 和 P110S 材质气水混注与纯注气的腐蚀速率比

显而易见，水是氧腐蚀过程的重要影响因素，对电化学反应的程度和范围都有重要的影响。水的存在引起溶解氧的形成，并且参与到氧的电化学反应过程中，起到传递电荷的作用。火驱采油向井下连续注入空气，当环境湿度大时，金属材料表面更易形成水膜，这将更有利于空气中的氧向电极表面输送，导致更严重的腐蚀。

1.3　采出系统的腐蚀

火驱生产井排出的火烧尾气主要包括 N_2、CO_2、少量的轻烃及可能产生 H_2S、CO、H_2、N_xO_y、O_2 等气体，这些气体与水发生化学反应会生成酸，对井下管柱产生严重的腐蚀[21-23]，以及 H_2S 导致的腐蚀应力开裂。不同油藏、不同阶段火烧尾气的组分和浓度不同。表 1.3 是国内吉林油田、辽河油田、胜利油田、新疆油田火驱尾气的组分。

表 1.3　不同油田火驱尾气组分

油田	尾气组分 /%					
	CO_2	N_2	O_2	CH_4	CO	H_2
吉林	12.58	83.07	0.82	1.2	2.33	—
辽河	13.38	78.62	1.23	1.15	2.12	2.08
胜利	13.2	—	0.2	—	0.28	—
新疆	13.93	78.76	1.0	4.49	0.15	0.5

生产井采出液中一般含水量较高，尾气是在高含水条件下采出，对尾气在井口采出状态为 0.5MPa、50℃进行饱和水模拟计算，结果见表 1.4 和表 1.5[24]，火烧尾气在井口产出状态时含有水，且最大水含量为 2.58%。图 1.9 是辽河油田曙 1-45-37 井第 9 周期阶段生产 7 个月时提出井下生产管柱的外观形貌，此时累计排放尾气 $47\times10^4m^3$，由于气窜严重，尾气氧含量介于 4%～8% 之间，检泵过程中发现严重的管柱腐蚀[4]。

表 1.4　模拟无水火驱尾气组分摩尔分数

组分	C_1	C_2	C_3	C_4	C_5	CO_2	H_2S	N_2	H_2	O_2	CO
检测值 /%	4.49	0.39	0.23	0.27	0.15	13.93	0.1	78.76	0.5	1.0	0.15
预测波动范围 /%	1～8	0～0.5	0～0.3	0～0.4	0～0.2	10～16	0.03～0.3	75～80	0～2	0～3	0～1

表 1.5　模拟饱和水火驱尾气组分摩尔分数

组分	C_1	C_2	C_3	C_4	C_5	CO_2	H_2S	N_2	H_2	O_2	CO	H_2O
检测值 /%	4.38	0.38	0.22	0.26	0.15	13.56	0.1	76.76	0.49	0.97	0.15	2.58
预测波动范围 /%	1～8	0～0.5	0～0.3	0～0.4	0～0.2	10～16	0.03～0.3	75～80	0～2	0～3	0～1	—

图 1.9　曙 1-45-37 井管柱腐蚀形貌

1.3.1 CO_2 腐蚀

CO_2 是火驱主要燃烧气体产物，干燥状态下 CO_2 自身不具有腐蚀性，但是当 CO_2 溶解于水后生成碳酸（H_2CO_3），碳酸与金属相互作用产生电化学反应形成腐蚀。CO_2 腐蚀又称作甜腐蚀（sweet corrosion），可形成全面腐蚀或局部腐蚀，是油气生产中遇到的最普遍的一种腐蚀形式。

目前，对于 CO_2 腐蚀过程中的电化学反应机制还存在一些争议[25-26]。一般认为，CO_2 溶解于水形成弱酸 H_2CO_3：

$$CO_2+H_2O \longrightarrow H_2CO_3 \tag{1.12}$$

H_2CO_3 电离形成 CO_3^{2-}：

$$H_2CO_3 \longrightarrow 2H^++CO_3^{2-} \tag{1.13}$$

CO_2 水溶液中，阳极过程主要是铁的溶解反应，即

$$Fe \longrightarrow Fe^{2+}+2e \tag{1.14}$$

而阴极过程主要是 H^+ 的还原，即

$$2H^++2e \longrightarrow H_2 \tag{1.15}$$

当溶液中的 Fe^{2+} 和 CO_3^{2-} 的浓度积超过 $FeCO_3$ 的溶度积时，形成沉淀 $FeCO_3$：

$$Fe^{2+}+CO_3^{2-} \longrightarrow FeCO_3 \tag{1.16}$$

虽然目前有关 CO_2 腐蚀还未形成一致的观点，但 CO_2 反应的最终产物主要为 $FeCO_3$，腐蚀过程中阴极反应控制腐蚀速率这两点基本得到公认。

单一 CO_2 介质的腐蚀条件下，对腐蚀过程有显著影响的因素主要是温度和 CO_2 分压等。温度会影响电化学反应的速度，温度升高通常导致腐蚀速率增大，但温度升高也会导致 CO_2 的溶解度下降。目前比较认可的钢铁材料在 CO_2 环境中腐蚀可按三个温度区间分类[27]：

（1）温度小于 60℃的低温区，CO_2 腐蚀成膜困难，即使暂时形成的 $FeCO_3$ 腐蚀产物膜也会逐渐溶解，因此，试样表面没有 $FeCO_3$ 膜或者即使有也很疏松、附着力低，金属表面呈均匀腐蚀。

（2）温度在 60～110℃之间时，金属表面生成厚而疏松、晶粒粗大的 $FeCO_3$ 腐蚀产物膜，局部腐蚀严重。

（3）温度在 110℃以上时，金属的腐蚀溶解和 $FeCO_3$ 膜的生成速度都很快，基体表面很快形成一层晶粒细小、致密且与基体附着力强的 $FeCO_3$ 保护膜，对基体金属起到一定保护作用，腐蚀速率较低。

CO_2 分压直接影响 CO_2 在溶液中的浓度。CO_2 分压增大，CO_2 溶解量增加，腐蚀速率

增加，CO_2 分压与腐蚀速率两者近似满足线性关系，无 $FeCO_3$ 膜时 CO_2 分压对碳钢均匀腐蚀速率的计算公式为[28]：

$$\begin{aligned}\lg r &= 0.67\lg p_{CO_2} - 2.33\times10^3 / T - 5.5510^3 T + 7.96 \\ &= 0.67\lg p_{CO_2} + C\end{aligned} \tag{1.17}$$

式中 r——全面腐蚀的腐蚀速率，mm/a；

T——温度，K；

p_{CO_2}——CO_2 分压，bar。

该公式在工业上获得广泛应用。

1.3.2 H_2S 腐蚀

火驱过程中 H_2S 的来源主要有三个方面，一是原油中含硫化合物热裂解（TDS）生成 H_2S，二是储层含硫矿物热裂解产生 H_2S，三是地层水中硫酸根离子与原油反应产生 H_2S。

H_2S 密度比空气大，在空气中易燃烧。H_2S 是一种极性较强的气体，溶于水、乙醇、甘油。常温常压下 1 体积水可溶解 2.6 体积的 H_2S，形成氢硫酸，浓度约为 0.1mol/L。干燥的 H_2S 对金属材料没有腐蚀破坏作用，H_2S 溶解于水才具有腐蚀性。H_2S 腐蚀又称为酸腐蚀[9-10]。

H_2S 溶于水后发生电离反应，使溶液呈酸性：

$$H_2S \longrightarrow HS^- + H^+ \tag{1.18}$$

$$HS^- \longrightarrow S^{2-} + H^+ \tag{1.19}$$

电离出的 H^+ 是阴极的强去极化剂，可促进阳极的溶解反应，在钢铁表面发生电化学反应：

阳极

$$Fe \longrightarrow Fe^{2+} + 2e \tag{1.20}$$

阴极

$$2H^+ + 2e \longrightarrow H_2 \tag{1.21}$$

腐蚀产物为 FeS 时的总反应为

$$Fe + H_2S \longrightarrow FeS + H_2 \tag{1.22}$$

腐蚀产物 FeS 电位较正，可作为阴极与基体构成活性微电池，形成小阳极、大阴极的腐蚀体系，继续对基体进行腐蚀。

钢的 H_2S 腐蚀产物有多种类型[29]，目前的研究表明主要有以下 9 种：无定型 FeS、马基诺矿（FeS）、立方 FeS、陨硫铁矿（FeS）、磁黄铁矿（$Fe_{1-x}S$）、菱硫铁矿（Fe_9S_{11}）、硫复铁矿（Fe_3S_4）、黄铁矿（FeS_2）及白铁矿（FeS_2）等，其中无定型 FeS 是最常见的 H_2S 腐蚀产物。

单一 H_2S 介质的腐蚀条件下，对腐蚀过程有显著影响的因素主要是温度、H_2S 分压等。温度对 H_2S 腐蚀的影响包括三个方面：H_2S 在介质中的溶解度、腐蚀性离子的运移及反应速度、产物膜层的性质等。通常温度升高，H_2S 的溶解度降低，富含硫、晶体结构规则的磁黄铁矿或黄铁矿的生成，对钢材具有一定程度的保护作用。

H_2S 分压的变化能够改变 H_2S 在水中的溶解量，从而影响腐蚀速率。一般认为，当 H_2S 分压增加时，溶液中 H^+ 浓度增大，pH 值降低，H^+ 的去极化作用增强，钢材腐蚀加剧。ANSI/NACE MR0175/ISO 15156−2：2015《石油和天然气工业—油气开采中用于含 H_2S 环境的材料　第 2 部分：抗开裂碳钢和低合金钢及铸铁的使用》标准[30]中，以 H_2S 的临界分压 0.0003MPa 作为 H_2S 腐蚀性强弱的判据。当系统中 H_2S 的分压 p_{H_2S}＜0.0003MPa 时为非酸性气体，腐蚀性弱；当 p_{H_2S}＞0.0003MPa 时为酸性气体，具有较强的腐蚀性。

1.3.3　CO_2+O_2 腐蚀研究进展

对于单独存在的 CO_2 的腐蚀情况研究较多，但对于 CO_2+O_2 的腐蚀研究则较少。火驱尾气含有 CO_2，以及可能没有完全消耗的氧气。例如，辽河油田曙光区块火驱项目[31]不同井或集输装置中火驱尾气含有约 2.3%～13.29%CO_2 和 0.2%～9.39% 的 O_2。这两种气体的同时存在，对生产系统的设备一定会造成不同程度的腐蚀。加强火驱尾气中 CO_2+O_2 腐蚀对生产设备寿命影响的研究，对于火驱采油系统安全非常重要。下面根据火驱采油生产系统的环境特点，介绍火驱尾气所引起的 CO_2+O_2 腐蚀的基本原理，并简要分析 CO_2/O_2 分压比和温度两个因素对腐蚀的影响。

1.3.3.1　CO_2+O_2 腐蚀中的协同作用

相对于 CO_2 或 O_2 的单组元气体腐蚀环境，Fe 在 CO_2+O_2 混合气氛中的腐蚀行为复杂很多。在 CO_2+O_2 气氛中，阴极反应除了 CO_2 的水化、O_2 的还原，还有腐蚀产物间的相互作用。CO_2+O_2 气氛中可能的反应式为：

阳极反应

$$Fe \longrightarrow Fe^{2+}+2e \tag{1.23}$$

阴极反应包括 O_2 的还原反应、CO_2 的水化反应和产物间的相互作用三种类型。

（1）O_2 还原反应。

$$O_2+2H_2O+4e \longrightarrow 4OH^- \tag{1.24}$$

$$Fe^{2+}+2OH^- \longrightarrow Fe(OH)_2 \tag{1.25}$$

$$4Fe(OH)_2+O_2+2H_2O \longrightarrow 4Fe(OH)_3 \tag{1.26}$$

$$Fe(OH)_2+2Fe(OH)_3 \longrightarrow Fe_3O_4+4H_2O \tag{1.27}$$

$$2Fe(OH)_3 \longrightarrow Fe_2O_3+3H_2O \tag{1.28}$$

（2）CO_2 的水化反应。

$$CO_2+H_2O \longrightarrow H^++HCO_3^- \tag{1.29}$$

$$2H^++2e \longrightarrow H_2 \tag{1.30}$$

$$HCO_3^- \longrightarrow H^++CO_3^{2-} \tag{1.31}$$

$$Fe^{2+}+HCO_3^- \longrightarrow FeCO_3+H^+ \tag{1.32}$$

$$Fe^{2+}+CO_3^{2-} \longrightarrow FeCO_3 \tag{1.33}$$

（3）产物间的相互作用。

$$H^++OH^- \longrightarrow H_2O \tag{1.34}$$

$$Fe(OH)_2+2H^+ \longrightarrow Fe^{2+}+2H_2O \tag{1.35}$$

$$4FeCO_3+O_2+4H_2O \longrightarrow 2Fe_2O_3+4H_2CO_3 \tag{1.36}$$

由上述反应可以看出，O_2 的存在影响了 CO_2 的水化速率，促进了水化反应的进行。由 CO_2 水化释放出的 H^+ 在还原过程中会促使阴极反应速率增加，从而要求更多的 Fe^{2+} 或 Fe^{3+} 进入溶液。因此，当气氛中同时存在 O_2 和 CO_2，材料在金属 / 溶液界面处的腐蚀速率会较单相 CO_2 环境中增加。

林学强等[32]对比研究了相同分压条件下，CO_2、O_2 和 CO_2+O_2 气氛中 N80 和 3Cr 钢级的油套管在 60℃时的腐蚀行为，发现 N80 钢在 CO_2+O_2 气氛中的腐蚀速率，大于单独存在 CO_2 和 O_2 条件下的腐蚀速率之和，认为 N80 钢阴极反应过程同时发生酸性条件下的吸氧反应和析氢反应，从而形成外层疏松、多孔的腐蚀产物，其保护性能差于单独存在 CO_2 或 O_2 条件下形成的腐蚀产物膜；此外，3Cr 钢在 CO_2+O_2 腐蚀条件下，其保护性同样显著低于单一 CO_2 或 O_2 条件下形成的腐蚀产物膜，分析发现溶解氧容易将 Fe^{2+} 氧化为 $Fe(OH)_3$ 沉淀，抑制了 $FeCO_3$ 膜的形成，而且 $Fe(OH)_3$ 在腐蚀产物局部形成占据了 $Cr(OH)_3$ 在内层膜的位置，使 Cr 元素在内层膜分布不均，破坏了腐蚀产物膜的完整性，从而导致其腐蚀速率增大。

同单一的 CO_2 环境相比，Fe 在 CO_2+O_2 体系中的腐蚀形式因 O_2 的引入而变化较大。通常情况下，在 CO_2 环境中，致密的 $FeCO_3$ 膜层可有效保护基体，而在 CO_2+O_2 环境中，腐蚀产物由 $FeCO_3$ 和铁的氧化物构成，结构易松散多孔，对基体保护性差。

CO_2+O_2 环境中 O_2 对腐蚀产物的影响是复杂的。万里平等[33]指出 CO_2+O_2 腐蚀中 O_2 含量超过 1670mg/L 时，$FeCO_3$ 在 100℃以下时难以形成。Mclntire 等[34]则指出在

CO_2+O_2 腐蚀过程中，O_2 的存在可以将 Fe^{2+} 氧化为 FeOOH，促进了最初形成的 $FeCO_3$ 腐蚀产物膜的溶解，并且 FeOOH 是溶解氧含量较高时的最终腐蚀产物。

CO_2+O_2 腐蚀产物的形成，显著地被环境中主导腐蚀过程的介质所影响。Nor Roslina[35] 研究了在 0.1MPa 下，80℃时 CO_2 和 O_2 通入次序对 G10180 钢腐蚀行为的影响。当先通入 CO_2 后期再通入 O_2 时，腐蚀形貌表现为在 $FeCO_3$ 钝化膜上分布有球状或节瘤状产物；而 CO_2 和 1ppm（1ppm=1.429mg/m^3）O_2 同时通入时，腐蚀形貌表现为棱柱形和小颗粒。氧化铁颗粒的存在阻碍了 $FeCO_3$ 颗粒的形成，从而导致 $FeCO_3$ 部分覆盖，O_2 的腐蚀比 $FeCO_3$ 的形成更快。Xiong 等[36] 研究结果显示，当钢材表面没有形成 $FeCO_3$ 膜层时，腐蚀速率随 O_2 含量的增加而增加，但当 $FeCO_3$ 覆盖时，O_2 对腐蚀速率的影响不大。

显而易见，O_2 强的去极化作用可将 Fe^{2+} 氧化为 Fe^{3+}，使 CO_2+O_2 腐蚀形成与 CO_2 腐蚀不同的产物类型和结构，从而对 CO_2+O_2 腐蚀速率等方面产生影响，导致与 CO_2 环境中不同的腐蚀结果。以下将从 CO_2/O_2 分压比和腐蚀温度两个方面讨论影响 CO_2+O_2 腐蚀的因素。

1.3.3.2 CO_2/O_2 分压比对腐蚀影响

CO_2/O_2 分压比决定了环境中主要的腐蚀介质，因此对腐蚀产物的形成和腐蚀速率有重要影响。在 CO_2+O_2 环境中，O_2 可使裸露的金属表面腐蚀电流增加[37]，即使在浓度非常低（<1ppm）的情况下，也能导致严重的腐蚀[38]。宋庆伟[39] 对 O_2 含量在 0～0.2mg/L 范围内，钢的腐蚀速率与 O_2 含量关系规律进行了拟合：

$$y = 0.08326 + 0.0313 \times \left[\left(1 - e^{-x/0.08135}\right) + \left(1 - e^{-x/0.8662}\right) \right] \tag{1.37}$$

式中 y——腐蚀速率，mm/a；

x——含氧量，mg/L。

Martin[40] 也提出了在混有 ppm 级别 O_2 的 CO_2 气氛中，碳钢的腐蚀速率表达式：

$$V\text{（mm/a）}=32+F\text{（ppm）} \tag{1.38}$$

其中 F 取 15，即 1ppm O_2 可使腐蚀速率增加 15mm/a；若为工业环境，F 取 11。

在溶有 O_2 和 CO_2 的腐蚀溶液中，钢的腐蚀与阴极过程的主控因素有关。黄天杰[41] 等分析了 CO_2/O_2 分压比在 6～3000 时 N80 钢在吉林油田采出水中腐蚀的电化学阻抗谱，发现 CO_2/O_2 分压比减小则膜电容 Q_c 增加而膜电阻 R_c 减小，这说明腐蚀膜的致密性随 CO_2/O_2 分压比减小而降低，因此，阴离子在 N80 表面发生还原反应的阻力减小，从而导致 N80 钢的整体腐蚀速率呈现增加的趋势。

Zhang Y.N[42] 研究了 P110 钢在不同 CO_2/O_2 分压比下的腐蚀行为，测定了 150℃下不同 CO_2/O_2 分压比环境中 P110 钢的腐蚀速率，如图 1.10 所示。初期，随着气氛中 CO_2 含量的增加，试样腐蚀速率缓慢增加。当 CO_2/O_2 分压比超过 4/16 时，腐蚀速率增长迅速。

在 CO_2/O_2 分压比为 8/12 时，试样具有最高的腐蚀速率，为 66.56mm/a，此后腐蚀速率呈线性下降。Sun Chong 等[43]的研究也显示 X52 钢和 3Cr 钢腐蚀速率随 CO_2/O_2 分压比降低有极大值，即 O_2 分压增大到一定程度时腐蚀速率下降。

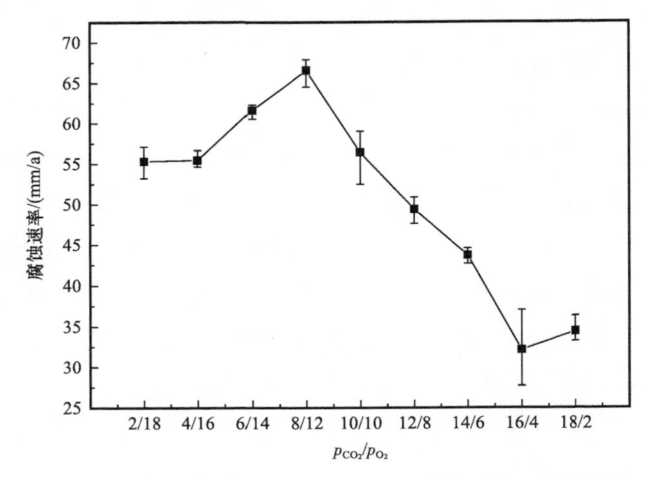

图 1.10　CO_2/O_2 分压比对 P110 钢在 150℃时腐蚀速率的影响

鲁群岷[44]等研究了 CO_2 分压为 0.97MPa、O_2 分压不超过 0.022MPa 时 X80 钢在 40℃下的电化学腐蚀行为。结果表明 O_2 分压较小时（0～0.012MPa），O_2 对 X80 钢的自腐蚀电位和自腐蚀电流密度大小基本无影响；O_2 分压增大到 0.017～0.022MPa 时，O_2 会破坏 X80 钢表面 CO_2 腐蚀产物膜，诱发局部腐蚀，造成 X80 钢的腐蚀速率增大、自腐蚀电位正移。

在以上研究结果的基础上，结合宋晓琴等[45]提出的一种钢在 CO_2+O_2 中的腐蚀模型（图 1.11），CO_2/O_2 分压比对腐蚀的影响可总结如下：CO_2 分压远大于 O_2 分压时（CO_2/O_2 分压比较大时），CO_2 与 O_2 之间存在的交互作用对腐蚀的影响更为重要。当试样表面的边界层中溶解氧含量较低时，CO_2 分压对腐蚀起主导作用；当溶解氧含量不断增加时，腐蚀由溶解氧在边界层的扩散决定，因此增大氧分压，加速了氧扩散，会加剧腐蚀。O_2 分压大于 CO_2 分压时（CO_2/O_2 分压比小于 1），CO_2 对腐蚀的影响很小，O_2 对腐蚀起主导作用。

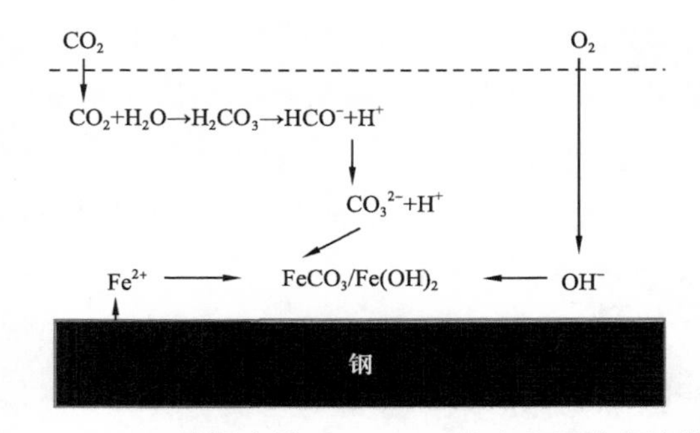

图 1.11　Song 等提出的 CO_2+O_2 环境中金属的腐蚀模型

1.3.3.3 温度对 CO_2+O_2 腐蚀的影响

一般认为，温度可以加快反应速度。Luo 等[46]的研究表明，在不高于 140℃的 CO_2+O_2 气氛中，X52、3Cr 和 13Cr 在 1.25MPa O_2+1.25MPa CO_2 气氛中的腐蚀速率随温度的升高而增加。当温度在 150～250℃时，在 ppm 级 O_2 浓度范围内，N80 和 P110 钢的腐蚀速率随温度的升高而降低[47]。Zhang Y N[42]研究了在 10MPa 空气中 P110 钢的平均腐蚀速率随温度的变化情况，测试温度范围为 100～250℃，结果显示最大腐蚀速率值出现在 170℃。

在 CO_2+O_2 腐蚀环境中，不同温度下腐蚀产物膜致密度不同，显著影响腐蚀速率。例如，林学强等[32]研究了蒸汽吞吐中不同温度下 N80 钢的腐蚀行为，温度 60～120℃，腐蚀条件为 CO_2 分压 1.5MPa、O_2 分压 0.3MPa、流速 1m/s，结果表明：N80 钢的腐蚀速率随温度的升高呈现先急剧增大后缓慢减小的趋势，在 90℃时腐蚀速率最大，因为随着温度的升高，腐蚀产物中 $FeCO_3$ 的含量逐渐减少而 Fe_3O_4 和 Fe_2O_3 含量逐渐增多；低温时 $FeCO_3$ 紧密地覆盖在试样表面，随着温度的升高，腐蚀产物中氧化物逐渐增多且疏松多孔，保护作用减弱；温度达到 120℃时，高温氧化铁产物逐渐变得致密，腐蚀速率又有所下降。

以上的研究表明，随着温度升高，CO_2+O_2 在水中的溶解度会下降，但氧的传输加快，腐蚀过程中的电极反应会加速，O_2 的去极化作用使 $FeCO_3$ 膜逐渐转变为氧化物膜，通常更为疏松、多孔，因此总体呈现出温度升高腐蚀速率增加的趋势。但是，当温度升至高温时，氧化产物致密性增加后具有保护作用，使腐蚀速率开始下降，表现为氧控制腐蚀的特征。腐蚀速率随温度升高形成极大值时的临界温度，与具体材质、O_2 分压等其他因素有关，甚至可出现多个极大值或极小值的情况。因此，腐蚀速率随温度的变化具有一定的复杂性，需系统分析，从而判断温度影响腐蚀过程的主要因素。

1.3.4 $CO_2+H_2S+O_2$ 腐蚀研究进展

火驱开发中油藏生产系统尾气往往含有一定比例的 H_2S，例如曙光杜 66 区块、新疆油田红浅火驱尾气中含有 100～600mg/m^3 的 H_2S。同时火驱尾气中常含有较高含量的 CO_2，一定量的 O_2，因此会形成 CO_2+H_2S 或 $CO_2+H_2S+O_2$ 腐蚀环境。H_2S 参与腐蚀过程时对生产系统的设备会造成不同程度的影响，但 $CO_2+H_2S+O_2$ 腐蚀行为更为复杂，了解其规律和特征对于火驱采油系统安全非常重要。

$CO_2+H_2S+O_2$ 环境中，因为有氧参与腐蚀过程，金属材质的腐蚀行为更复杂。O_2 在腐蚀过程中的作用主要体现在三个方面：作为阴极去极化剂，参与电化学反应；形成氧化阳极产物；与其他腐蚀性气体发生交互作用[43]。O_2 作为一种极强的阴极去极化剂，溶氧的还原电位比氢的还原电位更低，所以吸氧反应比析氢反应更容易发生。在含有 CO_2 或 H_2S 的气氛中，因酸性气体的溶解，电解质溶液呈酸性，发生吸氧反应：

$$4H^{+}+O_2+4e \longrightarrow 2H_2O \tag{1.39}$$

O_2 的强氧化性，除了直接参与阴极反应，还会进一步氧化 Fe^{2+} 和 Fe（OH）$_2$，所以 Fe^{2+} 在含氧量高的环境中难以稳定存在，发生的反应主要是：

$$4Fe^{2+}+10H_2O+O_2 \longrightarrow 4Fe(OH)_3+8H^{+} \tag{1.40}$$

$$4Fe(OH)_2+2H_2O+O_2 \longrightarrow 4Fe(OH)_3 \tag{1.41}$$

Fe_2O_3 是 Fe（OH）$_3$ 脱水的产物：

$$2Fe(OH)_3 \longrightarrow Fe_2O_3+3H_2O \tag{1.42}$$

此外，O_2 通过氧化 Fe^{2+}，抑制 $FeCO_3$ 的沉积，导致难以形成致密的 $FeCO_3$ 膜。

在含有 O_2 或 H_2S 的气氛中，O_2 和 H_2S 会发生交互作用，两者直接反应生成单质 S。

$$2H_2S+O_2 \longrightarrow 2S\downarrow+2H_2O \tag{1.43}$$

液相中，气体溶解度不高，所以生成的单质 S 不多。

当腐蚀气体由 CO_2，H_2S 和 O_2 三种组成时，腐蚀影响因素与 CO_2 和 H_2S 两项组成的影响因素类似，包括分压比、温度、腐蚀产物性质、流速和溶液水化学性质等方面。目前关于 $CO_2+H_2S+O_2$ 体系中的腐蚀行为研究的相对较少。Fred F. Lyle 等[48]研究了 1018 管线钢在温度 60℉，不同气体环境中的均匀腐蚀和点蚀情况，不同环境下的腐蚀速率如图 1.12 所示，10psi CO_2 条件下，均匀腐蚀速率为 0.95mm/a，点蚀速率为 5.7mm/a；而添加 100～10000ppm O_2 后，均匀腐蚀速率增加到 2.4～12.8mm/a，点蚀速率增加到 18～42mm/a。0.5psi H_2S+10psi CO_2 条件下，均匀腐蚀速率为 0.18mm/a，无点蚀；而添加 100～10000ppm O_2 后，均匀腐蚀速率增加到 1.47～1.91mm/a，无点蚀。可见 O_2 的存在，促进了 CO_2 和 H_2S 腐蚀，特别是 CO_2 腐蚀。

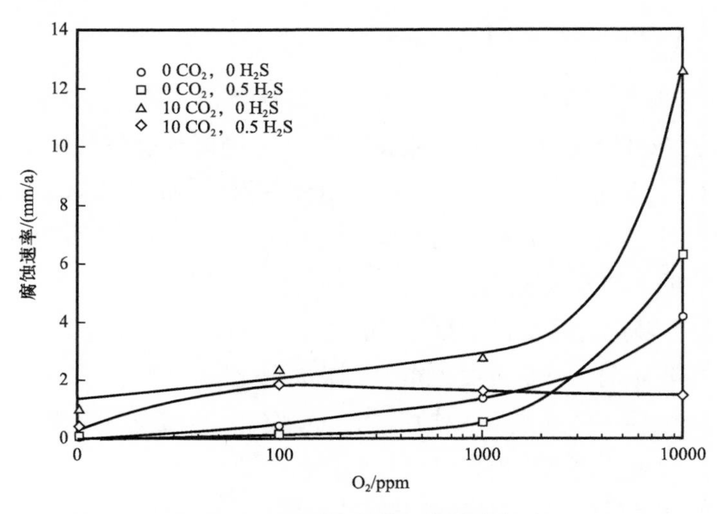

图 1.12　不同环境中均匀腐蚀速率对比

宋晓琴等[45，47]研究了 35CrMo 和 316L 在 $CO_2+H_2S+O_2$ 体系中的腐蚀行为。研究结果显示腐蚀性气体的分压比对腐蚀速率的影响最显著，其次是温度，总压影响较小；温度和 O_2 分压较高的条件下，均匀腐蚀速率和局部腐蚀速率都较大。无氧条件的腐蚀产物主要呈颗粒状，有氧条件的腐蚀产物主要呈片状；温度和 O_2 含量较高的条件下，产物膜厚度增大，有明显的双层膜结构。O_2 参与反应时，不仅直接参与阴极的吸氧反应，还会氧化 Fe^{2+} 和 $Fe(OH)_2$，脱水后生成 Fe_2O_3 等高价 Fe 的化合物；此外，O_2 通过氧化 Fe^{2+}，抑制 $FeCO_3$ 的形成，同时与 H_2S 发生反应生成单质 S。

显而易见，O_2 的强氧化性使得 $CO_2+H_2S+O_2$ 环境中氧不但作为阴极去极化剂参与电化学反应，还形成氧化阳极产物，并且与 CO_2 和 H_2S 会发生交互作用，导致 $CO_2+H_2S+O_2$ 腐蚀产物的形成比 CO_2+H_2S 环境中更复杂，因此也必然对腐蚀过程和腐蚀速率产生显著影响。

综合以上资料可以看出，火驱采油过程中存在的腐蚀环境和腐蚀因素较为复杂，现有研究成果尚未对金属管材在此类工况条件下的腐蚀行为和规律开展过系统性的研究分析，新疆油田火驱项目组基于火驱采油过程的典型腐蚀工况条件，对稠油热采常用的金属材质和部分耐蚀合金开展腐蚀行为研究及评价[49-53]，以期为火驱经济选材和采油过程中的防腐措施提供指导依据。

2 腐蚀实验评价与监测方法

腐蚀研究主要依赖于实验。腐蚀规律需要依靠实验数据来建立，许多腐蚀理论及模型都需要最终经过实验来验证，大量的耐腐蚀新材料的研制和开发都需要依靠实验来评价。腐蚀实验的目的在于获取腐蚀数据，研究腐蚀因素间的相互关系，揭示腐蚀机理和规律，了解防腐蚀措施的效果。因此，腐蚀实验评价是在相关标准规定的实验方法、条件和步骤的基础上，对材料进行腐蚀实验，并依据评价标准对实验结果进行分析，科学性地评判材料抗腐蚀性能的尺度和界限。

根据腐蚀评价实验的目的和要求，通常有三类做法，即实验室腐蚀实验评价、现场腐蚀试验评价和实物腐蚀实验评价。

实验室模拟实验评价又可细分为实验室实验评价和实验室加速实验评价。

实验室实验评价指在实验室内有目的地将专门制备的小型试样在人工配制的、受控制的环境介质条件下，尽可能体现真实工况环境进行的腐蚀实验评价，属于一种不加速的长期实验。优点在于可充分利用实验室测验仪器、控制设备的严格精确性及实验条件和实验时间的灵活性；可自由选择试样的大小及形状严格地控制有关的影响因素，实验时间较短、实验结果的重现性较好。实验室加速模拟实验属于一种强化实验方法，通过提高材料某一种或某几种腐蚀影响因素的浓度或强度级别，如介质浓度、温度、流速等，强化腐蚀作用，加速腐蚀进程。其优点在于可以在短时间内明确某种因素的作用趋势，或对一系列材料的耐蚀性进行排序，缺点是只能强化一个或少数几个控制因素。

现场试验评价指把专门制备的试样置于现场的实际环境中进行的腐蚀试验评价。优点是环境条件的真实性，试验结果比较可靠，试验本身也较简单。缺点在于现场试验评价中的环境因素无法控制，结果的重现性较差，试验周期较长，试验用试样与实物状态之间存在较大的差异。

实物实验评价指将实验材料制成实物部件、设备或小型实验性装置，在现场的实际应用下进行的腐蚀实验。优点在于解决了实验室实验及现场试验中难以全面模拟的问题，而且包括了结构件在加工过程中所受的影响，能够较全面正确地反映材料在使用条件下的耐蚀性。缺点是费用较大，试验周期长，且不能对几种材料同时进行对比试验。因此，实物实验评价应在实验室实验评价和现场试验评价的基础上进行。

本章重点阐述火驱注采过程实验室评价方法。

2.1 腐蚀评价实验设备与分析仪器

2.1.1 腐蚀模拟实验装置

根据模拟火驱工况的实验条件，实验设备主要采用高温高压釜和盐雾试验机。图 2.1 为 FCZ3−15/250X2 型高温高压釜实物图。高温高压釜设计压力 27MPa，温度 350℃，转速 1000r/min，容积 3L，热功率 3kW。图 2.2 为 TMJ−9701 型盐雾试验机，该盐雾试验机以电化学腐蚀原理进行测试，采用伯努特定理吸取盐水而雾化，使雾气扩散速度加倍并自然落于试片上；温度均匀性误差 ±1℃，控温精度 ±0.3℃；喷雾落雾量 1～2mL/80（cm^2·h），落雾均匀性 ±0.3mL/80（cm^2·h）；样品测试角度 20°±5°。

图 2.1 FCZ3−15/250X2 型高温高压釜

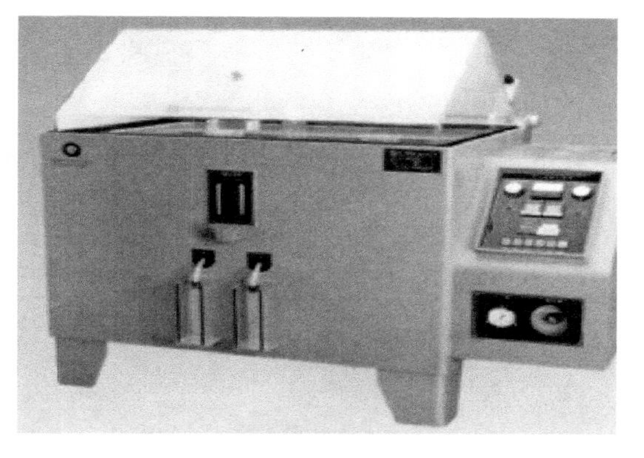

图 2.2 TMJ−9701 盐雾试验机

2.1.2 实验分析仪器

通过对腐蚀样品进行全面分析，研究腐蚀机理和材质的耐腐蚀性能作出全面评价，常用的腐蚀分析仪器及其用途见表 2.1。

2.1.2.1 X 射线衍射仪

用于扫描分析试样表面腐蚀产物的物相及其组成。XRD−6000 型 X 射线粉末衍射仪如图 2.3 所示，采用 Cu 靶，最大输出功率 3kW；垂直测角仪扫描范围 −6°～163°，角度重现性 0.001°；连续扫描速度 0.1°～50° /min，最小步进角度 0.001°，步进扫描速度 0.05°～25° /min，最小步进角度 0.002°。

表 2.1　腐蚀分析仪器及用途

序号	仪器名称	用途
1	X 射线衍射仪	腐蚀产物物相分析
2	扫描电子显微镜	腐蚀组织、点蚀形貌分析
3	电子探针仪	腐蚀产物元素组成分析
4	光谱分析仪	腐蚀产物元素组成分析
5	电化学工作站	腐蚀电位、腐蚀电流、极化曲线等电化学相关分析
6	X 射线光电子能谱仪	腐蚀产物元素化学状态分析
7	三维显微镜	腐蚀形貌三维成像及测量
8	分析天平	腐蚀失重测试

2.1.2.2　扫描电子显微镜

用于实验样品表面腐蚀产物形貌、清除腐蚀产物后试样表面形貌及试样截面形貌观察分析。JSM−6390A 扫描电子显微镜如图 2.4 所示，分辨率 3.0nm，观察倍数 5～30 万倍，加速电压 0.5～30kV，样品最大直径 150mm，样品移动范围 X=80mm、Y=40mm、Z=48mm，样品倾斜范围 T=−10°～90°、旋转范围 R=360°。

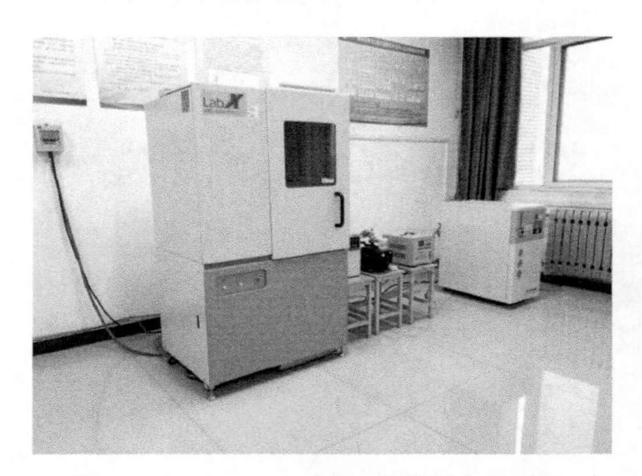

图 2.3　XRD−6000 型 X 射线粉末衍射仪

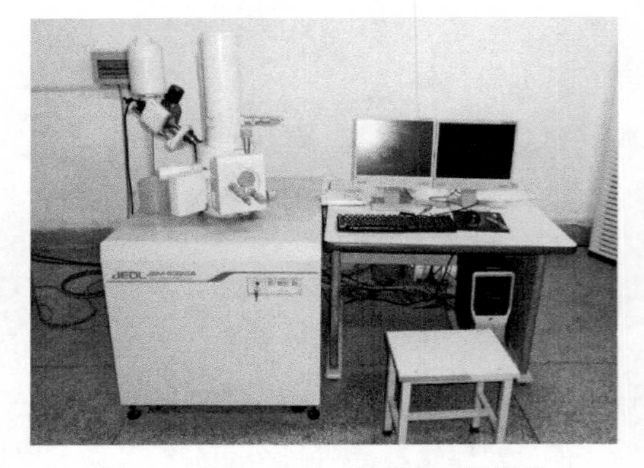

图 2.4　JSM−6390A 扫描电子显微镜

2.1.2.3　X 射线光电子能谱仪

用于腐蚀产物元素化学状态分析、实验样品截面腐蚀产物的成分分析，在镶嵌、打磨、抛光后进行。OXFORD X−max 能谱仪元素分析范围为 Be4−Pu94，能量分辨率小于 127eV，峰位漂移小于 1eV。

2.2 实验样品制作

腐蚀试样采用两种样式，一种是采用 ϕ72mm 的 1/6 圆弧试样，一种是方形挂片试样，尺寸为 15mm × 3mm × 50mm，两种试样的外观示意图如图 2.5 所示。实验前，将试样分别用 400 号、600 号、1000 号砂纸逐级打磨以消除机加工的刀痕，然后将试样放入丙酮中，利用超声波清洗装置清洗试样表面的尘埃、油污等其他物质，清洗后的试样用冷风吹干、称重，精确到 ± 1mg。

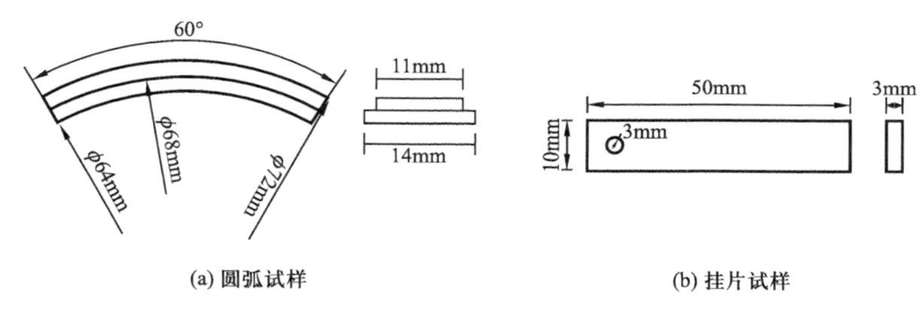

图 2.5 试样尺寸示意图

2.3 实验样品处理

腐蚀实验完成后要对样品以下几方面进行评价：（1）试验后试样的外观；（2）去除表面腐蚀产物后试样的外观；（3）腐蚀缺陷如点蚀、裂纹、气泡等的分布和数量；（4）显微镜观察。除第（1）项工作外，其余工作需要首先把试样表面的腐蚀产物清理干净。试样表面腐蚀产物的清理方法依据 ASTM G1—2003《腐蚀试样的制备、清洗和评定》标准进行。

清除碳钢和低合金钢表面腐蚀产物的方法是将试样放入清洗液中剧烈搅拌至腐蚀产物除净为止。清洗液配方为：盐酸（密度 1.19g/mL）1L、三氧化二锑 20g、氯化亚锡 50g。

清除高合金钢和不锈钢表面腐蚀产物所用的清洗液为 10% HNO_3（分析纯，密度 1.42g/mL 配制）溶液，温度 60℃，超声波清洗 20min。

清除钛合金表面腐蚀产物所用清洗液为 4% 的 NaOH（分析纯配制）溶液，温度为 40℃，超声波清洗 50min。

清除腐蚀产物后的试样立即在自来水中冲洗，并通过在饱和碳酸氢钠溶液中浸泡约 2～3min 进行中和处理，之后自来水冲洗并用滤纸吸干后置于无水酒精或丙酮中浸泡 3～5min 脱水。脱水后试样经冷风吹干后，用天平称重并计算其失重腐蚀速率。

2.4 火驱模拟腐蚀实验方法

火驱模拟腐蚀的实验方法与常用的腐蚀室内模拟实验方法类似，主要根据火驱注采过程的温度、压力、气体组分、注采流体等变化特征，开展模拟不同工况条件的腐蚀评价实验。

2.4.1 注入空气系统工况

2.4.1.1 常温干燥空气氧腐蚀实验

干空气氧腐蚀实验采用高压釜或磁力驱动反应釜设备，实验步骤如下：

（1）将试样相互绝缘安装在特制的实验架上，放入高压釜中；

（2）通入高纯氮 10h 除氧，然后注入干空气；

（3）保持高压釜内温度 25℃，总压 5MPa，试样转速 3m/s，腐蚀时间为 720h；

（4）实验结束后将试样表面用蒸馏水冲洗去除腐蚀介质，用无水酒精除水后冷风吹干待用。

2.4.1.2 常温湿空气氧腐蚀实验

湿空气氧腐蚀采用盐雾试验机，总压力 5MPa，腐蚀介质为蒸馏水 + 空气，空气流量为 20000m^3/d、注水量 20m^3/d，温度 25℃，喷雾机蒸馏水含量为（20：20000），试验时间为 720h。具体做法：盐雾试验机内充满空气后，把水雾化后通入设备内，雾化的水量根据实验要求的量，雾化的速度根据要求的日注量确定，水雾化不断注入设备内直到实验结束。

实验结束后取出试样，在室内自然干燥 1h，然后用温度不高于 40℃的清洁流动水轻轻清洗以去除试样表面的残留盐雾溶液，再立即用冷风吹干。随后，对样品以下几方面进行评价：（1）试验后试样的外观；（2）去除表面腐蚀产物后试样的外观；（3）腐蚀缺陷如点蚀、裂纹、气泡等的分布和数量，可按照 GB/T 6461—2002《金属基体上金属和其他无机覆盖层经腐蚀试验后的试样和试件的评级》所规定的方法进行评定；（4）试样腐蚀失重情况；（5）显微镜观察。

2.4.1.3 高温干燥空气氧化腐蚀实验

模拟火驱点火阶段注气井在高温氧腐蚀环境的腐蚀情况，设计实验条件为 400～500℃高温 15d，然后温度逐渐下降，1 个月后降到 100℃左右，2 个月后降到 20～30℃。

将试样放入 SX-6-13 电阻加热炉进行高温氧化，温度误差为 ±2℃。共测试三批试样，每批每种材料取平行试样三个，具体步骤如下：

（1）500℃高温 15d，取出一批试样；

（2）降温至 400℃，保温至 20d；降温至 300℃，保温至 25d；降温至 200℃，保温至

30d；降温至100℃，保温至45d，取出一批试样；

（3）降温至50℃，保温至65d；降温至20℃，保温至105d，取出最后一批试样。

2.4.2 火驱生产工况腐蚀实验

火驱尾气以氮气为主（占比约为82%），腐蚀性的气体有二氧化碳、氧气、硫化氢等，还带有水、砂、油等，实验模拟以下三种腐蚀环境：

（1）CO_2+O_2；

（2）$CO_2+O_2+H_2S$；

（3）$CO_2+O_2+H_2S$，砂。

火驱生产工况腐蚀实验在高温高压釜中进行，实验过程与常温干燥空气氧腐蚀实验过程类似，具体步骤为：

（1）将试样相互绝缘安装在特制的实验架上，放入高压釜内的腐蚀介质中，腐蚀介质根据火驱产出水成分进行配制；

（2）高压釜内通入高纯氮10h除氧，再按比例通入N_2、CO_2、O_2、H_2S等混合气体，升压升温到设计要求，总压为3MPa，试样转速2m/s，腐蚀时间为168h；

（3）实验结束后将试样表面用蒸馏水冲洗去除腐蚀介质，用无水酒精除水后冷风吹干待用。

2.5 实验结果分析

2.5.1 均匀腐蚀

均匀腐蚀指接触腐蚀介质的金属表面全面产生腐蚀的现象。通过失重法表征均匀腐蚀速率，按照下式进行计算：

$$v_{corr}=\frac{87600\Delta g}{\gamma tS} \tag{2.1}$$

式中 v_{corr}——均匀腐蚀速率，mm/a；

Δg——试样失重；

γ——材料密度；g/cm^3；

t——时间，h；

S——试样表面积，cm^2。

关于均匀腐蚀速率评价可按照NACE SP 0775—2013《油田作业中腐蚀试样的制备、安装分析和解释标准操作规程》标准进行判定，见表2.2。该标准用于评估各种系统的腐蚀性、检测缓释方案的有效性，以及不同金属对特定系统和环境的适用性。

表 2.2　NACE SP 0775—2013 标准对平均腐蚀程度的规定

分类	均匀腐蚀速率 /（mm/a）	最大点蚀速率 /（mm/a）
轻度腐蚀	＜0.025	＜0.13
中度腐蚀	0.025～0.12	0.13～0.20
严重腐蚀	0.13～0.25	0.21～0.38
极严重腐蚀	＞0.25	＞0.38

关于石油管材的均匀腐蚀速率的标准要求不同，NACE SP 0775—2013 标准要求小于 0.025mm/a；JFE 公司认为井下设备可接受的极限均匀腐蚀速率应小于等于 0.127mm/a，挪威国家石油公司认为该极限值小于 0.1mm/a，而俄罗斯标准将此放宽到 0.5mm/a，NACE 标准过于严格。考虑到实验室模拟腐蚀实验，通常未考虑油相及添加缓蚀剂影响，且实验时间较短，为加速腐蚀实验。因此，本书将石油管材是否能够在油气田工况腐蚀环境条件下使用的均匀腐蚀速率的判据定为小于等于 0.2mm/a。

2.5.2　点蚀

点蚀又称孔蚀，是一种腐蚀集中在金属表面很小的范围内，并深入到金属内部的小孔状腐蚀形态，蚀孔直径小，深度深，其余地方不腐蚀或腐蚀很轻微的腐蚀现象。管道发生点蚀时，虽然失重不大，但腐蚀速率很快，很容易造成管壁穿孔，使油、水、气泄漏，甚至可能形成火灾、爆炸等严重事故。

点蚀形貌通过扫描电镜进行观察，点蚀坑深度通过显微镜激光共聚焦法进行。激光共聚焦显微镜为搭载 13 倍光学变焦的电动倒置金相显微镜，通过非接触的方式进行样品表面三维形貌观察和测量，采用前文所述方法对样品去除腐蚀产物后，利用三维形貌分析结果进行点蚀深度测量。

对于化学浸泡法测量金属耐点蚀性能，可通过测量点蚀的质量损失、数目、深度和大小进行评定。评定可参考 GB/T 18590—2001《金属和合金的腐蚀点蚀评定方法》标准或 NACE SP0775—2013《油田作业中腐蚀试样的制备、安装分析和解释标准操作规程》标准进行，评定方法如图 2.6 和表 2.3 所示。

此外，也可通过动电位测量法来评定金属和合金的点蚀电位来确定它们的点蚀倾向性。在 GB/T 17899—2023《金属和合金的腐蚀　不锈钢在氯化钠溶液中点蚀电位的动电位测量方法》标准中给出了不锈钢点蚀电位的测定方法。以阳极极化曲线上对应电流密度 $10\mu A/cm^2$ 或 $100\mu A/cm^2$ 的电位中最正的电位值来表示点蚀电位。

局部腐蚀速率计算公式：

$$v'_{corr}=\frac{\Delta h}{t} \tag{2.2}$$

式中 v'_{corr}——局部腐蚀速率，mm/a；

Δh——腐蚀坑深度，mm；

t——实验时间，a。

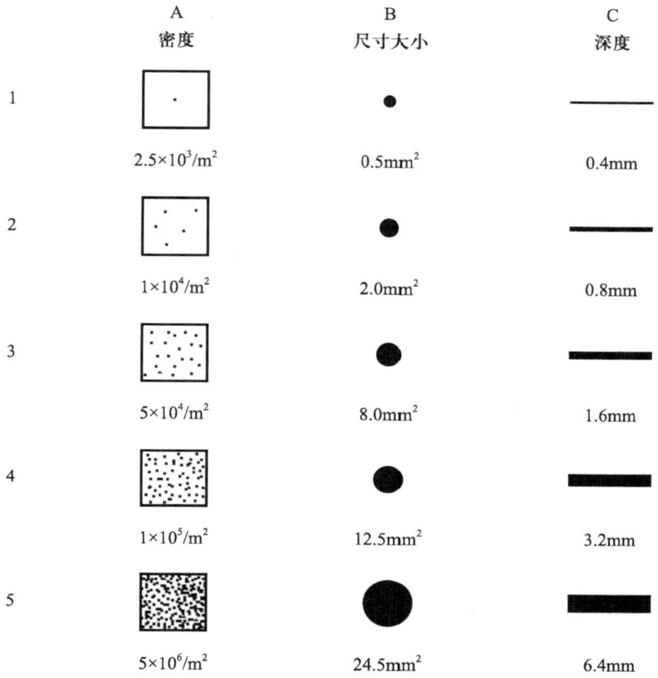

A 密度 B 尺寸大小 C 深度

1 $2.5\times10^3/\mathrm{m}^2$ $0.5\mathrm{mm}^2$ 0.4mm

2 $1\times10^4/\mathrm{m}^2$ $2.0\mathrm{mm}^2$ 0.8mm

3 $5\times10^4/\mathrm{m}^2$ $8.0\mathrm{mm}^2$ 1.6mm

4 $1\times10^5/\mathrm{m}^2$ $12.5\mathrm{mm}^2$ 3.2mm

5 $5\times10^6/\mathrm{m}^2$ $24.5\mathrm{mm}^2$ 6.4mm

图 2.6 蚀坑的标准评级图

表 2.3 NACE SP 0775—2003 标准点蚀程度的规定

分类	最大腐蚀速率 /（mm/a）
轻度腐蚀	＜0.13
中度腐蚀	0.13～0.20
严重腐蚀	0.21～0.38
极严重腐蚀	＞0.38

3 注入系统氧腐蚀行为

火驱采油需要将空气注入油层，并用点火器将油层点燃进行驱油。注入空气的方式有干式和湿式等不同工艺，其中含有的氧、水在注气井中可形成氧腐蚀环境，引起油套管和井口设备的电化学腐蚀。此外，井下点火期间高温会使油套管产生高温化学腐蚀——高温氧化。电化学腐蚀和高温氧化是注入空气过程中的主要腐蚀。对注气井典型材质的氧腐蚀行为进行准确评价，是火驱采油系统建设中必须进行的一项重要工作。

火驱采油过程注入系统涉及的装备有井口和油套管，35CrMo 和 2Cr13 钢是重要的井口材质，N80、90H、90−3Cr、90H−9Cr、90H−13Cr 和 80−3Cr 钢级的油套管材质在油田较为常用。本章对其在注入工况下由氧引起的化学腐蚀——氧化行为进行评价。

3.1 井口材质的氧腐蚀行为

常温下空气氧腐蚀评价选用 35CrMo 和 2Cr13 两种井口材质，其化学成分分析结果见表 3.1。

表 3.1 化学成分分析结果

材质	元素组成 /%（质量分数）							
	C	Si	Mn	P	S	Ni	Cr	Mo
35CrMo	0.34	0.30	0.65	—	—	—	1.04	0.16
2Cr13	0.19	0.35	0.42	0.013	0.002	0.07	12.63	—

腐蚀实验条件为：总压力 5MPa，空气流量 20000m^3/d（模拟最大流速 3m/s）、温度 25℃。所有试样均为 ϕ72mm 的 1/6 圆环（若原材料取不成圆弧试样，片状试样尺寸为 15mm × 3mm × 50mm）。腐蚀时间为 720h。

3.1.1 干空气氛围的氧腐蚀

35CrMo 和 2Cr13 两种材质的试样经 720h 腐蚀后，表面形貌如图 3.1 所示。从腐蚀的形貌看，35CrMo 试样表面局部腐蚀产物堆积，2Cr13 试样表面可见金属光泽，仅局部区域可见有微小黄褐色腐蚀产物附着，对腐蚀产物进行的成分和物相分析显示，腐蚀产物主要为铁的氧化物。

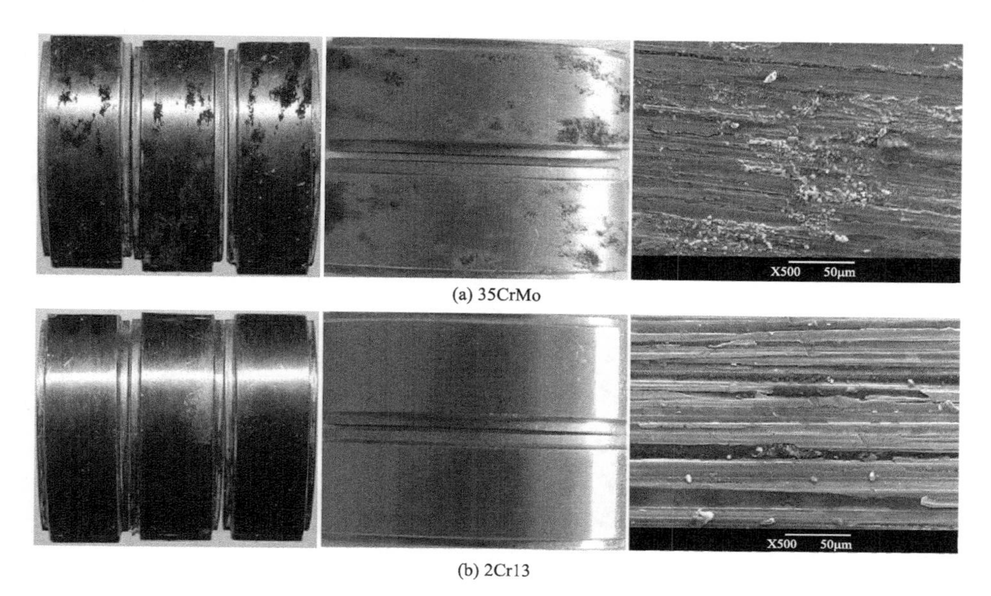

图 3.1 井口材质（35CrMo 和 2Cr13）25℃干空气腐蚀形貌

通过试样的 SEM 观察表面微观腐蚀形貌，可见 35CrMo 试样表面腐蚀产物在局部区域呈颗粒状散落。清洗试样表面的腐蚀产物之后，可见 35CrMo 试样表面局部腐蚀痕迹明显，而 2Cr13 试样表面仅在个别部位可见点蚀痕迹。

去除表面腐蚀产物后，35CrMo 试样表面腐蚀产物堆积部位可见较深的点蚀坑聚集，而 2Cr13 试样表面点蚀轻微。35CrMo 试样点蚀坑较多，局部区域出现坑连坑现象，点蚀密度比较大，大多数点蚀坑深度约为 33μm，最大点蚀深度为 48μm，局部腐蚀速率为 0.5840mm/a，依据 NACE SP 0775—2013 标准所列分类，为极严重度腐蚀。

从腐蚀速率看，35CrMo 和 2Cr13 两种材质的均匀腐蚀速率分别为 0.0219mm/a 和 0.0002mm/a。参照 NACE SP 0775—2013 标准，35CrMo 试样为轻度腐蚀，而 2Cr13 试样基本未腐蚀。

3.1.2 湿空气氛围的氧腐蚀

湿空气氧腐蚀实验 72h、144h 和 360h 后，35CrMo 试样表面可见一层黄褐色腐蚀产物附着；2Cr13 试样表面光滑，肉眼可见金属光泽。湿空气氧腐蚀实验 720h 后，试样表面宏观腐蚀状况如图 3.2 所示。根据能谱分析结果，35CrMo 试样表面的腐蚀产物主要为铁的氧化物，2Cr13 腐蚀产物为稳定的非晶态 Cr（OH）$_3$ 或 Cr_2O_3。35CrMo 试样的均匀腐蚀速率为 0.0606mm/a，2Cr13 试样的均匀腐蚀速率为 0.0073mm/a（表 3.2）。参照 NACE SP 0775—2013 标准，35CrMo 试样为中度腐蚀，2Cr13 试样为轻度腐蚀。

表 3.2　35CrMo 和 2Cr13 25℃湿空气氧腐蚀结果

项目	材质腐蚀结果	
	2Cr13	35CrMo
均匀腐蚀速率 /（mm/a）	0.0073	0.0606
腐蚀产物	稳定的非晶态 Cr（OH）$_3$ 或 Cr_2O_3	铁的氧化物
点蚀描述	零星可见点蚀坑，浅小的点蚀痕迹	点蚀坑密度较大，严重点蚀
最大点蚀坑深度 /μm	4	60
局部腐蚀速率 /（mm/a）	0.0487	0.7300

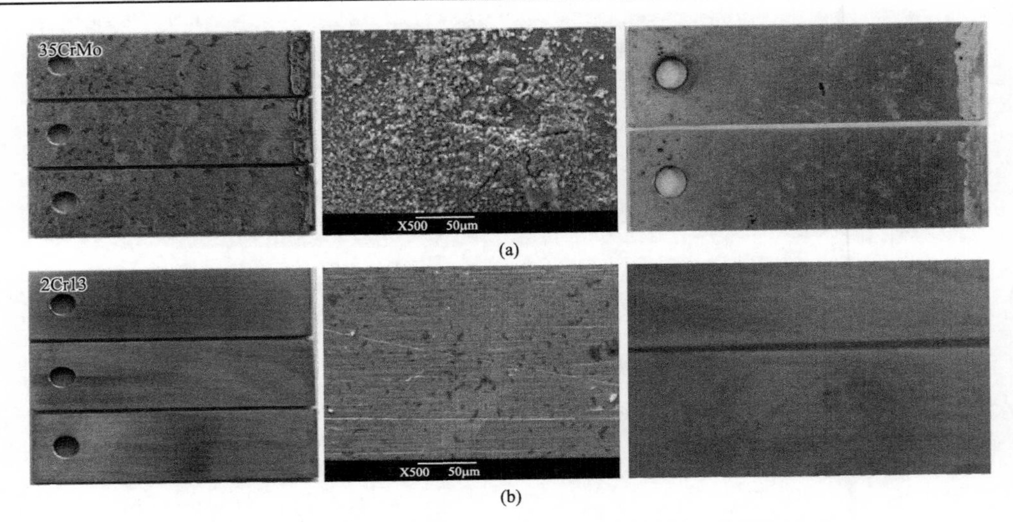

图 3.2　井口材质（35CrMo 和 2Cr13）25℃湿空气氧腐蚀形貌

去除表面腐蚀产物后，点蚀形貌如图 3.3 所示，35CrMo 试样发生严重点蚀，试样表面点蚀坑密度较大，相对来讲都比较深；2Cr13 试样表面在 500 倍扫描电镜下仅可见非常浅小的点蚀痕迹，可以忽略不计，蚀坑深度基本小于 5μm。腐蚀产物清洗后，利用金相显微镜观察试样表面点蚀坑，最大深度测量结果及局部腐蚀速率，见表 3.2。依据 NACE SP 0775—2013 标准所列分类，35CrMo 试样为极严重腐蚀，2Cr13 试样为轻微点蚀。

3.1.3　井口材质氧腐蚀机理及性能评价

经过干空气和湿空气腐蚀后，35CrMo 和 2Cr13 材质表面腐蚀产物描述见 3.1.2 节所述。氧腐蚀的电化学反应见 1.2.1 节所述。火驱注气井总的腐蚀过程主要受溶解氧的扩散过程控制。注气井连续注入空气，供氧充足，当金属材料表面有水膜形成时则产生腐蚀。相比于干空气的氧腐蚀（相当于干的大气腐蚀，试样表面水膜不连续，腐蚀较轻微），由于湿空气水蒸气含量大，在金属材料表面结露、均匀成膜，且供氧充分，液膜下试样表面腐蚀原电池数量的显著增多导致腐蚀加剧。

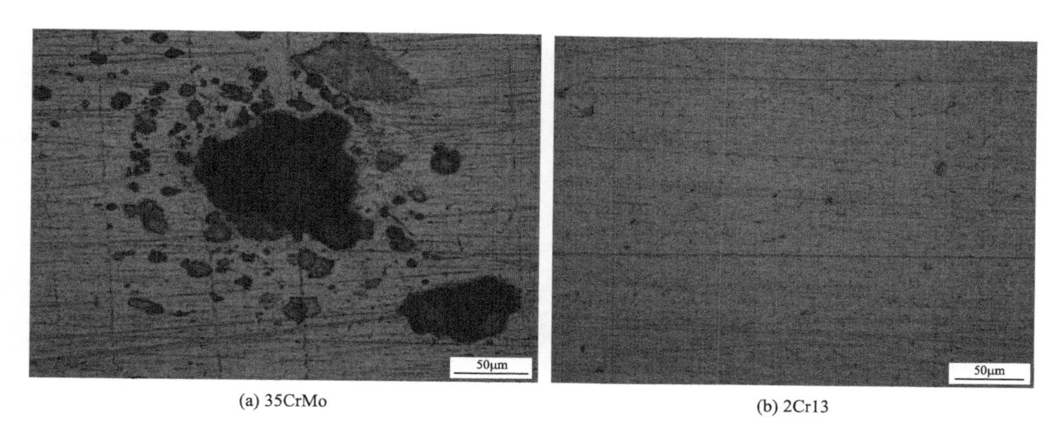

(a) 35CrMo (b) 2Cr13

图 3.3 井口材质（35CrMo 和 2Cr13）25℃湿空气氧腐蚀试样表面点蚀坑

干空气和湿空气腐蚀条件下，中碳低合金钢 35CrMo 的均匀腐蚀速率远高于马氏体（铬含量在 13%～17% 范围内的低碳或高碳钢，可以通过热处理对其性能进行调整）不锈钢 2Cr13 的均匀腐蚀速率，由于后者的 Cr 质量分数大于 12%，具有自钝化功能。两者都远小于一般均匀腐蚀速率判据 0.2mm/a。因此，从均匀腐蚀速率大小来看，其在油田可接受的范围以内。但是，该模拟工况条件下，35CrMo 出现明显局部腐蚀（干空气腐蚀 0.584mm/a，湿空气腐蚀高达 0.73mm/a），而 2Cr13 点蚀轻微。因此，2Cr13 作为井口设计及制造材质，可以满足该工况条件件的抗腐蚀性能要求，而若选择 35CrMo，应在设计上采取相应的防腐措施。

3.2 油套管材质的氧腐蚀行为

选择油田热采常用的碳钢及合金钢油套管材质 N80、90H、90H−3Cr、90H−9Cr、90H−13Cr 和 80−3Cr 六种油套管材质，其化学成分分析结果见表 3.3。

表 3.3 化学成分分析结果

材质	元素组成 /%（质量分数）											
	C	Si	Mn	P	S	Ni	Cr	Mo	V	Cu	Al	Ti
N80	0.242	0.239	1.655	0.01	0.002	0.019	0.049	0.016	0.004	0.038	0.012	0.002
90H	0.164	0.241	0.434	0.007	0.001	0.051	1.019	0.226	0.049	0.090	0.025	0.003
90H−3Cr	0.220	0.267	0.473	0.007	0.001	0.125	2.929	0.406	0.003	0.206	0.019	0.017
90H−9Cr	0.125	0.336	0.404	0.011	0.003	0.090	8.477	1.062	0.024	0.015	0.002	—
90H−13Cr	0.064	0.340	0.533	0.011	0.002	1.045	12.27	0.068	0.035	0.019	0.008	0.002
80−3Cr	0.175	0.259	0.555	0.014	0.002	0.033	3.089	0.313	0.016	0.053	—	—

实验方法同2.1节，实验条件同3.1节，对N80、90H、90H−3Cr、90H−9Cr和90H−13Cr五种油套管材质开展干空气氧腐蚀和湿空气氧腐蚀实验。

对80−3Cr、90H、90H−9Cr和90H−13Cr四种材质进行模拟点火高温工况下实验，高温氧化腐蚀程序如下：

（1）500℃高温15d，取出一批试样；

（2）降温至400℃，保温至20d；降温至300℃，保温至25d；降温至200℃，保温至30d；降温至100℃，保温至45d，取出一批试样；

（3）降温至50℃，保温至65d；降温至20℃，保温至105d，取出最后一批试样。

实验结束后清洗、除油、冷风吹干后测量尺寸并称重。

3.2.1 干空气氛围的氧腐蚀

干空气条件下，五种材质经720h腐蚀后表面呈灰黑色，其宏观和微观形貌如图3.4所示。宏观形貌显示所有试样表面仍可见金属光泽，腐蚀均很轻微，仅在局部微小区域可见有黄褐色腐蚀产物附着。SEM结果显示表面几乎没有明显的腐蚀产物，仍可见磨痕。清洗表面腐蚀产物之后试样表面为金属色，除个别部位可见点蚀留下的痕迹外（如图中箭头所指），未发现其他腐蚀痕迹。

N80、90H、90H−3Cr、90H−9Cr、90H−13Cr管材的平均腐蚀速率如图3.5所示。N80材料的腐蚀速率最大，为0.0195mm/a。参照NACE SP 0775—2013标准，五种材质均为轻度腐蚀。五种材质的试样表面在500倍扫描电镜下仅可见非常浅小的点蚀痕迹，因此点蚀可以忽略不计。表面微观腐蚀产物EDS分析表明，腐蚀产物主要为铁的氧化物。

3.2.2 湿空气氛围的氧腐蚀

湿空气氧腐蚀72h、144h和360h后，五种材质中N80、90H试样腐蚀最严重，表面可见一层黄褐色腐蚀产物附着；90H−3Cr试样腐蚀程度次之，发生了一定程度的点蚀，腐蚀区域表面覆盖黄褐色腐蚀产物；90H−9Cr、90H−13Cr试样表面光滑，无肉眼可见腐蚀发生。

湿空气氧腐蚀720h后，五种材质的试样表面腐蚀形貌如图3.6所示，综述结果见表3.4，依然是N80、90H试样腐蚀最严重，表面上可见黄褐色腐蚀产物附着；90H−3Cr试样腐蚀程度次之，表面点蚀严重；而90H−9Cr、90H−13Cr试样表面依然未见明显腐蚀痕迹，肉眼可见金属光泽。

五种材质试样表面微观腐蚀SEM形貌显示，N80、90H和90H−3Cr试样表面均可见有一层厚厚的腐蚀产物，局部区域有面积大小不一的腐蚀产物堆积。其中90H−3Cr表面腐蚀产物比较致密，有龟裂痕迹，90H试样表面腐蚀产物出现分层，比较疏松，局部表层腐蚀产物脱落后，下层腐蚀产物也可见龟裂痕迹。90H−9Cr、90H−13Cr试样腐蚀轻微，表面光滑，基本无腐蚀痕迹。

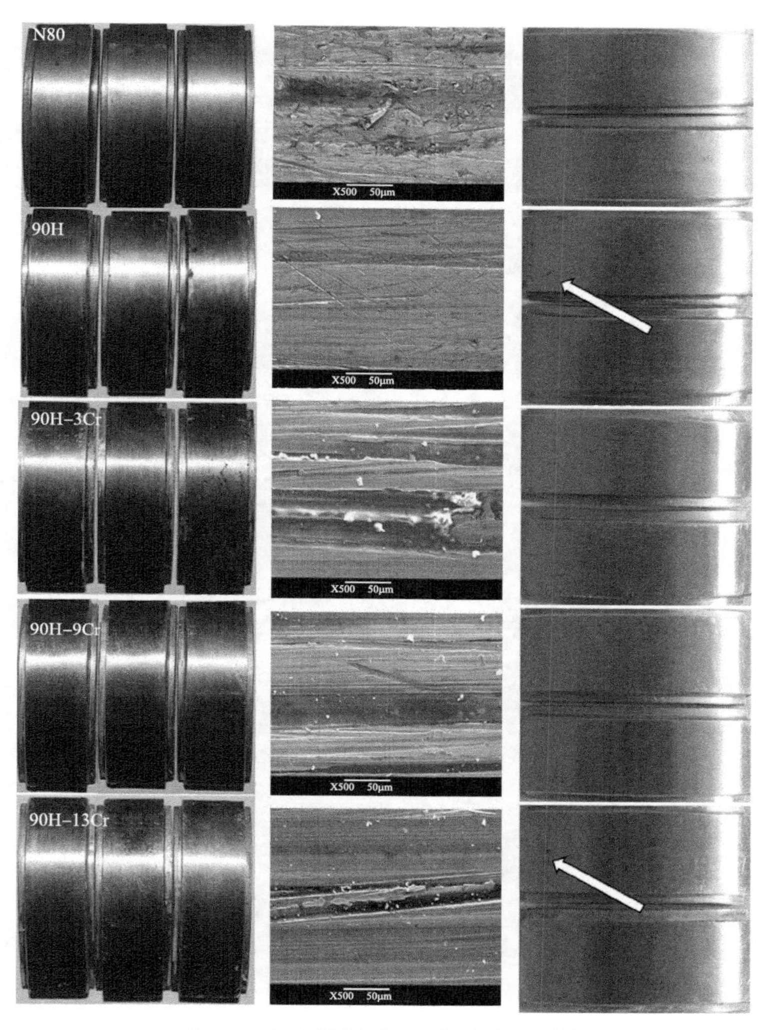

图 3.4 油套管材质干空气腐蚀后形貌

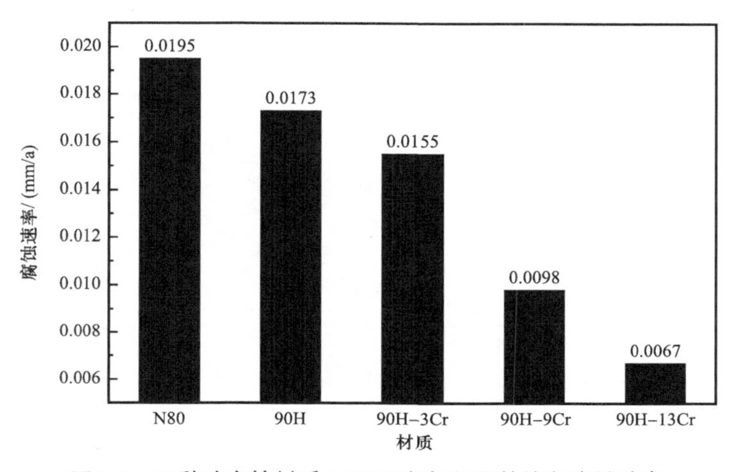

图 3.5 五种油套管材质 25℃干空气氛围的均匀腐蚀速率

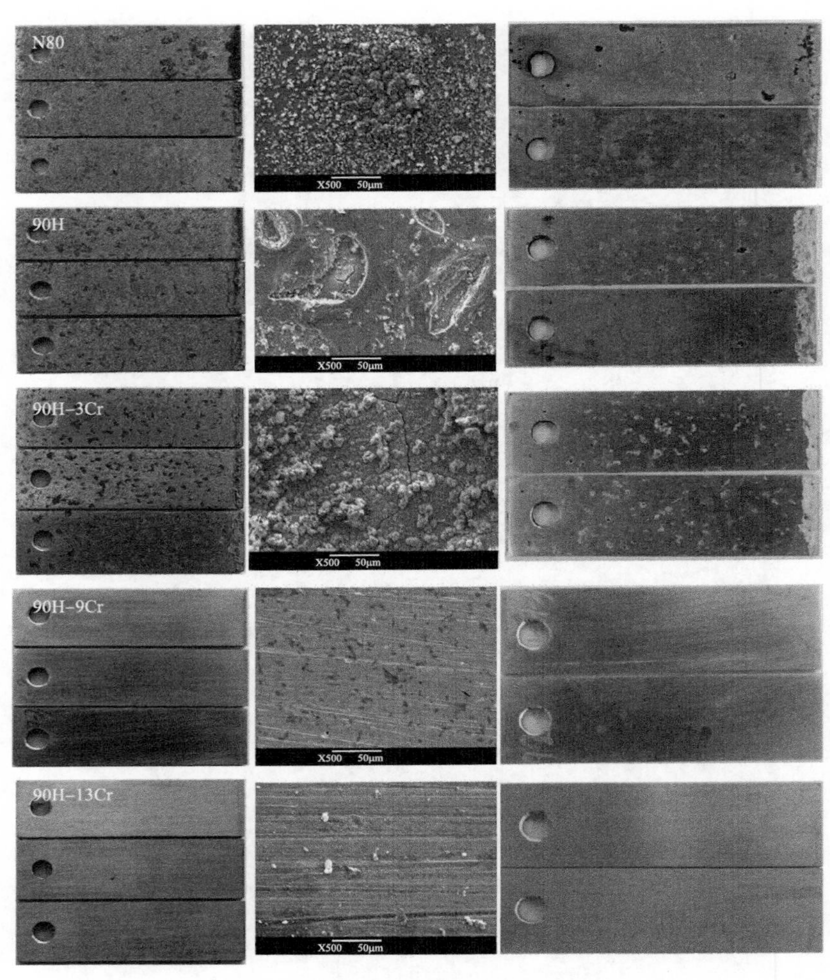

图 3.6 油套管材质湿空气腐蚀后形貌

表 3.4 N80、90H、90H-3Cr、90H-9Cr 和 90H-13Cr25℃湿空气腐蚀结果

项目	材质腐蚀结果				
	N80	90H	90H-3Cr	90H-9Cr	90H-13Cr
均匀腐蚀速率 /(mm/a)	0.0545	0.0237	0.0117	0.0002	0.0001
腐蚀形貌	黄褐色腐蚀产物附着	黄褐色腐蚀产物附着，出现分层，比较疏松，局部表层腐蚀产物脱落后，下层腐蚀产物也可见龟裂痕迹	表面覆盖黄褐色腐蚀产物，致密，有龟裂痕迹	表面光滑	
腐蚀产物	铁的氧化物		含有稳定的非晶态 Cr(OH)$_3$ 或 Cr_2O_3		
均匀腐蚀评价	中度腐蚀	轻度腐蚀	轻度腐蚀	未腐蚀	未腐蚀
最大点蚀坑深度 /μm	441	52	49	5	0
局部腐蚀速率 /(mm/a)	5.3655	0.6326	0.5962	0.0608	0

五种材质的平均腐蚀速率如图 3.7 所示，N80 钢级的腐蚀速率最大，为 0.0545mm/a，其次是 90H 和 90H−3Cr。90H−9Cr、90H−13Cr 的平均腐蚀速率小，可认为基本未发生腐蚀。参照 NACE SP 0775—2013 标准，N80 钢级的腐蚀程度归类为中度腐蚀；90H、90H−3Cr 为轻度腐蚀，其余 2 种材料未腐蚀。

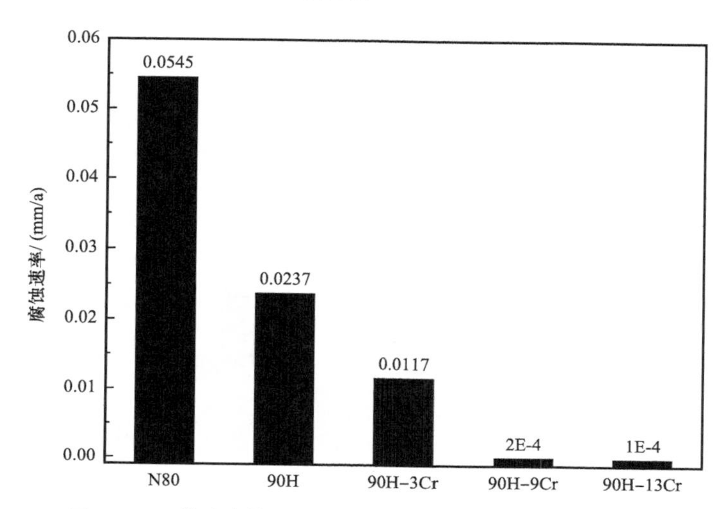

图 3.7　五种油套管材质 25℃湿空气腐蚀的平均腐蚀速率

对试样表面腐蚀产物清洗之后的宏观形貌进行观察发现，N80、90H 和 90H−3Cr 试样表面状态不均匀，可见明显腐蚀痕迹；90H−9Cr、90H−13Cr 试样表面光滑，可见金属光泽，无腐蚀痕迹。

试样表面微观点蚀 SEM 形貌如图 3.8 所示，可见 N80、90H 和 90H−3Cr 试样发生严重点蚀；而 90H−9Cr、90H−13Cr 试样表面在 500 倍扫描电镜下仅可见非常浅小的点蚀痕迹，可以忽略不计。

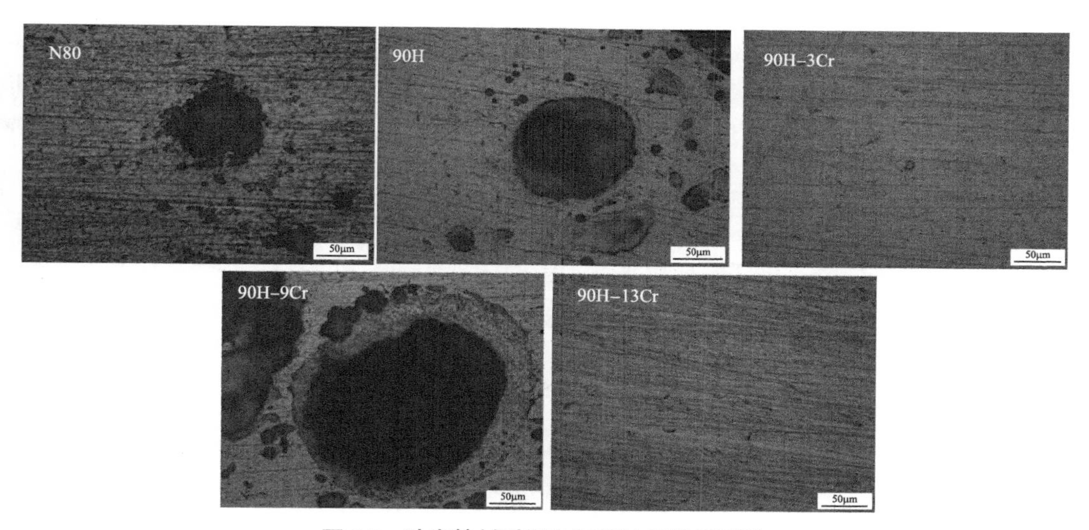

图 3.8　油套管材质湿空气腐蚀后微观形貌

试样表面点蚀坑的最大深度测量结果及局部腐蚀速率如图 3.9 所示。N80 点蚀速率最大，可达 5.3655mm/a，其次是 90H−3Cr 和 90H，90H−9Cr 点蚀轻微，90H−13Cr 未发生点蚀。依据 NACE SP 0775—2013 标准所列分类，N80、90H−3Cr 和 90H 为极严重腐蚀，90H−9Cr 为轻微点蚀。

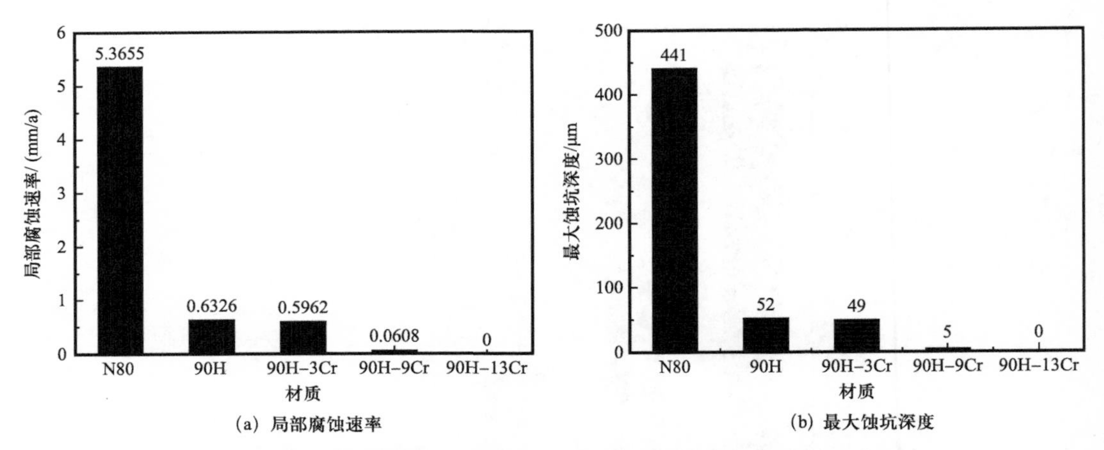

图 3.9　五种油套管材质 25℃湿空气局部腐蚀速率和表面最大蚀坑深度

N80、90H 试样表面的腐蚀产物主要为铁的氧化物；90H−3Cr、90H−9Cr、90H−13Cr 这 3 种含铬钢，根据能谱分析结果，Cr 在腐蚀产物膜中富集，腐蚀产物中含有稳定的非晶态 Cr（OH）$_3$ 或 Cr_2O_3。

从管柱材质 N80、90H、90H−3Cr、90H−9Cr 和 90H−13Cr 的均匀腐蚀速率可以看出，钢材中合金元素 Cr 含量增加则均匀腐蚀速率减小。李晓东等[54]在 N80、P110、1Cr、3Cr、13Cr 钢级的油套管及 304、316 不锈钢等材质上进行了模拟注气井条件的腐蚀实验，结果与本文结论是一致的，即钢材中合金元素 Cr 含量增加则均匀腐蚀速率减小。这一现象的原因在于碳钢氧腐蚀产物主要是铁的氧化物和羟基氧化铁，组织通常疏松、多孔。金属表面保护膜的状况对氧腐蚀的速度影响较大。氧腐蚀速度一般由阴极过程控制，而阴极反应的速度一般由氧向阴极表面的扩散速度决定。因此，疏松的腐蚀产物膜可增加氧扩散速度，会加速氧的腐蚀。

而含 Cr 合金钢在腐蚀产物膜中富集 Cr 的化合物，形成稳定的非晶态 Cr（OH）$_3$ 或 Cr_2O_3，使膜更加稳定，同时以 Cr（OH）$_3$ 为主的腐蚀产物膜具有一定的阳离子选择透过性，可以有效地阻碍阴离子穿透腐蚀产物膜到达金属表面，降低材料的腐蚀速率。因此含 Cr 合金钢比碳钢具有更小的腐蚀速率。上述五种材质中，90H−13Cr 的 Cr 质量分数最大，大于 12%，其均匀腐蚀速率最小。

一般将石油管材料在油气田工况腐蚀环境条件下使用的均匀腐蚀速率的标准定为小于等于 0.2mm/a。因此，在注气井干空气腐蚀条件下，所有五种油套管材质的腐蚀速率均在可接受的范围以内，并且未出现明显局部腐蚀（点蚀）现象。从油套管材质选择的经济性角度分析，N80 钢级完全可以满足该工况下的抗腐蚀性能要求。

相比于干空气的氧腐蚀（相当于干的大气腐蚀，试样表面水膜不连续，腐蚀较轻微），由于湿空气水蒸气含量大，在金属材料表面结露、均匀成膜，且供氧充分，液膜下试样表面腐蚀原电池数量的显著增多导致腐蚀加剧。该模拟条件下，N80、90H、90H−3Cr、90H−9Cr 均出现不同程度的局部腐蚀（点蚀），N80 的最大点蚀速率高达 5.3655mm/a，若完井管柱选用 N80、90H、90H−3Cr，必须采取一定的防腐蚀措施，而 90H−9Cr 和 90H−13Cr 材质满足该工况下的抗腐蚀性能要求。

3.2.3 点火过程的氧化腐蚀

3.2.3.1 四种油套管的高温氧化腐蚀形貌

对 80−3Cr、90H、90H−9Cr 和 90H−13Cr 四种钢级的油套管进行模拟点火高温工况下实验，高温氧化实验程序如前文所述。图 3.10 和图 3.11 所示为模拟点火过程中高温氧化不同阶段实验后四种材料试样表面腐蚀的宏观和微观 SEM 形貌。可以看出不同阶段氧化后表面形貌相似，90H、80−3Cr 和 90H−9Cr 三种材料试样表面都出现了一层较为致密的红褐色腐蚀产物膜，未见明显脱落痕迹；90H−13Cr 试样表面为灰色腐蚀产物膜，较其余三种材料腐蚀产物膜薄，但更加致密，高温氧化腐蚀非常轻微。

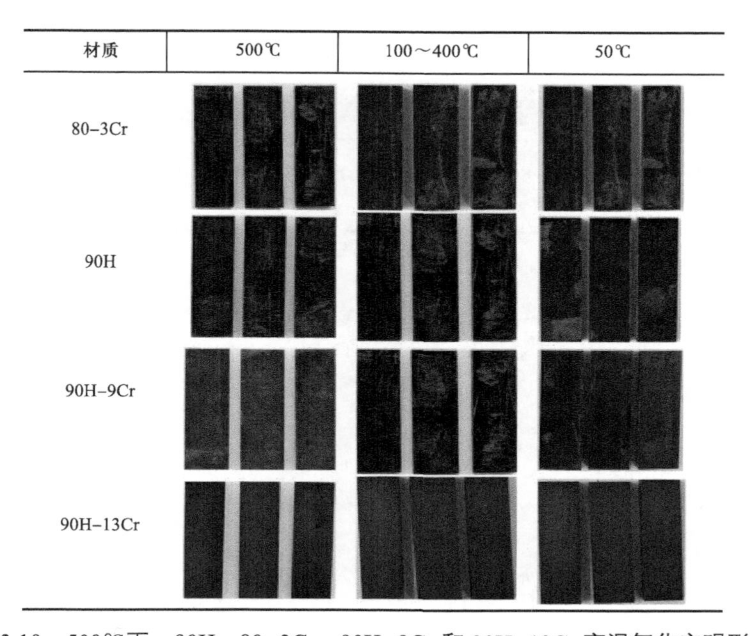

图 3.10　500℃下，90H、80−3Cr、90H−9Cr 和 90H−13Cr 高温氧化宏观形貌

80−3Cr、90H、90H−9Cr 和 90H−13Cr 四种材料点火工况下的均匀腐蚀速率，如图 3.12 所示。第一阶段（500℃），90H−9Cr 和 90H−13Cr 两种材料的高温氧化均匀腐蚀速率都

比较小，而且明显低于 80−3Cr、90H 材料，90H−13Cr 的均匀腐蚀速率仅为 0.0106mm/a。第二阶段（100～400℃），随着温度变化、实验时间延长，四种材料的均匀腐蚀速率明显降低；90H−9Cr 和 90H−13Cr 两种材料的高温氧化均匀腐蚀速率同样远低于 80−3Cr、90H。第三阶段（50℃），四种材料的均匀腐蚀速率均小于 0.1mm/a，90H−13Cr 仅为 0.0008mm/a。参照 NACE RP 0775—2005 标准对均匀腐蚀程度的规定，高温氧化腐蚀速率最大的 80−3Cr 试样为 0.2157mm/a，仅为轻度腐蚀程度。

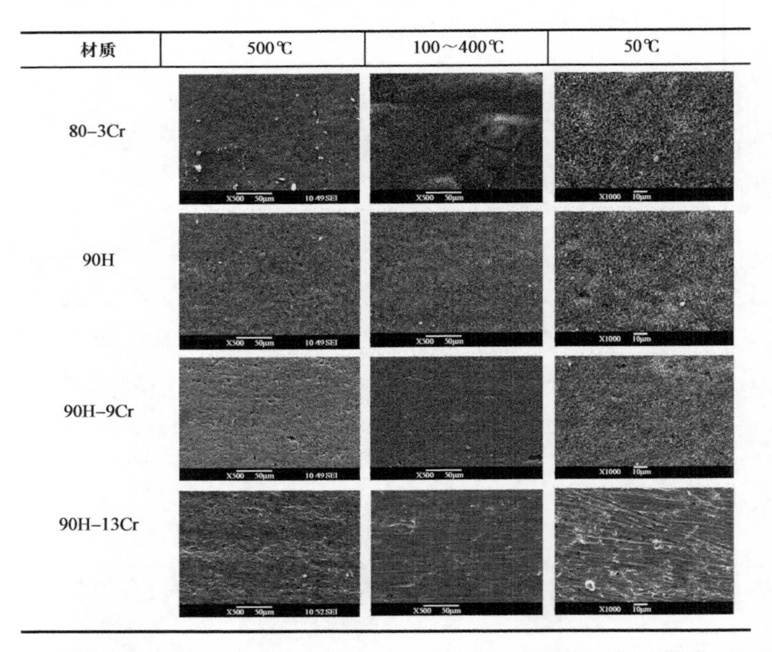

图 3.11　500℃下，90H、80−3Cr、90H−9Cr 和 90H−13Cr 高温氧化微观 SEM 形貌

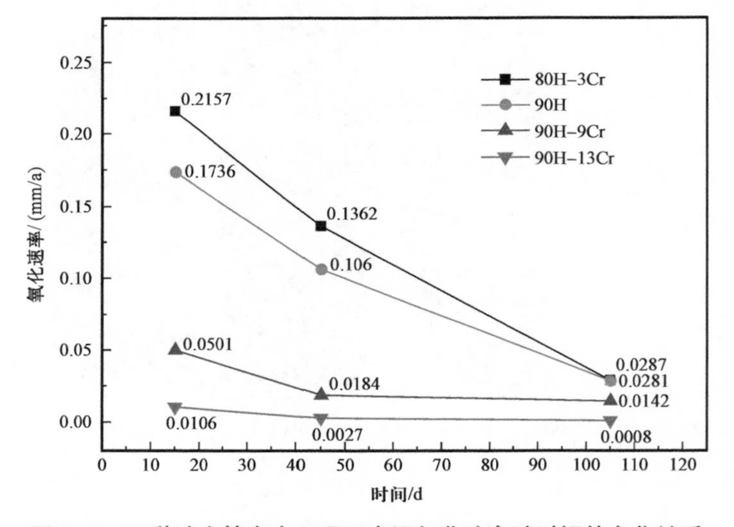

图 3.12　四种油套管点火工况下高温氧化速率随时间的变化关系

3.2.3.2 高温氧化腐蚀产物

对试样表面腐蚀产物膜进行 EDS 和 X 射线衍射分析，结果显示三个阶段试样表面的腐蚀产物组成均未发生显著变化，见表 3.5。从四种材料的高温腐蚀产物可以看出，温度在 500℃以及逐渐降温过程中，80−3Cr、90H 两种材料的氧化产物均为 Fe_2O_3 和 Fe_3O_4，其中 Fe_3O_4 靠近金属基体一侧，Fe_2O_3 靠近空气一侧，厚度比约为 1 :（5～10）（图 3.13）；随着合金元素 Cr 的增加，90H−9Cr 材料的氧化产物为 Fe_2O_3 和尖晶石型复合氧化物 $FeCr_2O_4$（$FeO \cdot Cr_2O_3$）；而 90H−13Cr 材料的含 Cr 量为 13% 左右，尽管不能形成选择性氧化产物 Cr_2O_3（w_{Cr}>18%），但由于 Cr 元素的质量分数大于 10%，生成了保护性良好的尖晶石型复合氧化物 $FeCr_2O_4$。

表 3.5 油套管用钢高温氧化产物的 XRD 分析结果汇总表

材质	腐蚀产物		
	500℃	100～400℃	20～50℃
80−3Cr	Fe_2O_3、Fe_3O_4	Fe_2O_3、Fe_3O_4	Fe_2O_3、Fe_3O_4
90H	Fe_2O_3、Fe_3O_4	Fe_2O_3、Fe_3O_4	Fe_2O_3、Fe_3O_4
90H−9Cr	Fe_2O_3、$FeCr_2O_4$	Fe_2O_3、$FeCr_2O_4$	Fe_2O_3、$FeCr_2O_4$
90H−13Cr	$FeCr_2O_4$	$FeCr_2O_4$	$FeCr_2O_4$

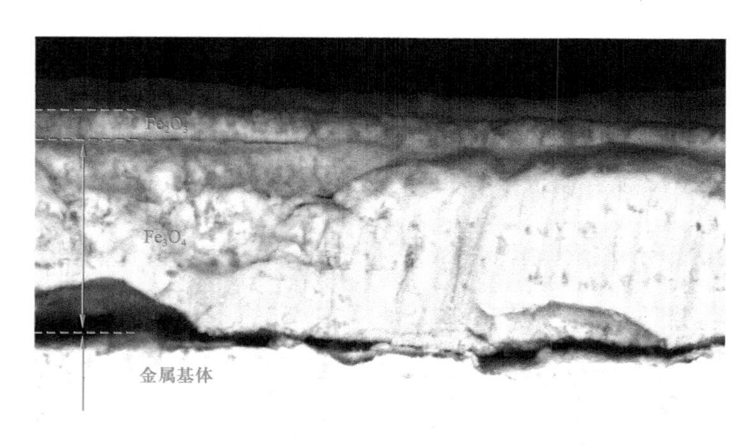

图 3.13 80−3Cr 材料 105d 高温氧化后试样横截面形貌

3.2.3.3 四种油套管的抗氧化性能评价及氧化机理

氧化膜的完整性的最佳 P−B 比值（即金属与其所形成氧化物的体积比[55]）在

1～2.5。四种油套管用钢在点火工况下表面仅出现 Fe_2O_3、Fe_3O_4、$FeCr_2O_4$，其 P-B 比值在 1～2.5，并且 Fe_2O_3 为 n 型半导体，Fe_3O_4 为 p 型半导体，它们的晶体缺陷少，结构致密，特别是 Fe_3O_4、$FeCr_2O_4$ 具有尖晶石型复杂立方结构，是钢铁氧化皮中结构最致密、抗氧化性能最好的氧化物，能够提高基体金属的抗高温氧化能力。

四种材料的抗高温氧化能力存在明显差异，即抗氧化能力 80-3Cr＜90H＜90H-9Cr＜90H-13Cr。通常，纯铁和普通钢是不耐高温氧化的，为了提高钢铁的抗高温氧化性能，可采取综合合金化的办法，促进表面形成耐高温腐蚀氧化膜。Cr 是提高钢抗氧化性能的有效元素，90H-9Cr、90H-13Cr 含有较高的 Cr 含量，当其高温氧化时，发生 Cr 的选择性氧化并生成尖晶石氧化物 $FeCr_2O_4$，可显著提高钢的抗氧化性能。

四种合金表面氧化膜的形成，符合含 Cr 合金钢高温氧化的基本理论，即铁铬合金开始氧化是按照合金组成来氧化，铁的氧化物与铬的氧化物的比例几乎与合金中铁和铬的含量一样；如果添加铬的含量超过 5%～10%，但小于 20%，此时虽然形成不了完整的 Cr_2O_3 保护膜，却能形成 $FeCr_2O_4$ 尖晶石膜，这种膜由于结构致密、缺陷少、导电性能差具有良好的抗氧化作用。添加铬的含量超过 20%，则合金表面可形成 Cr_2O_3 膜，抗氧化性能优异。所以，一般而言，合金中的 Cr 含量越高，氧化膜中的 Cr 含量越高，氧扩散速率越低，因此随着合金钢中 Cr 含量的增加，高温氧化腐蚀速率降低。

90H 管材中的 Cr 含量小于 80-3Cr，但 90H 的腐蚀速率小于 80-3Cr，这可能与前者 Al、Ni 含量是后者的 2.3 倍有关，因为 Al、Ni 的氧化产物 Al_2O_3 和 NiO 同样具有非常低的氧扩散速率，且 NiO 还可与 Fe_2O_3 形成尖晶石结构 $NiFe_2O_4$，形成更致密的晶体结构，从而具有更低的氧化腐蚀速率。

3.3 火驱注气系统氧腐蚀实例

在火驱采油过程中，注气系统的腐蚀主要体现为注气井点火期间的高温氧腐蚀和长期注空气的低温氧腐蚀，往往引起高温氧腐蚀失效和低温氧腐蚀失效，对油气田的生产造成安全事故。本节介绍注气系统的两个典型的氧腐蚀实例。

3.3.1 案例 1

辽河油田高 3618 块某井 1987 年 12 月投产，2009 年 5 月 19 日开始点火注气，9 月 13 日停注，共注 117 天，累计注气 $146.86\times10^4m^3$，2009 年 10 月起出管柱发现腐蚀严重，如图 3.14 所示。修井作业 24 口井，油管、套管均出现了不同程度的腐蚀，其中油管腐蚀 16 口；套管腐蚀 8 口。

3.3.2 案例 2

新疆油田红浅火驱某井 2019 年 2 月 6 日点火，2020 年 8 月上提注气油管，发现在油层部位的油管变形严重，有结垢和腐蚀孔洞，油管发生断裂，如图 3.15 所示。经检测分析，腐蚀产物为铁的氧化物，油管原因为高温蠕变断裂，油管内外壁高温氧化导致管体壁厚大幅减薄，加速了油管断裂。

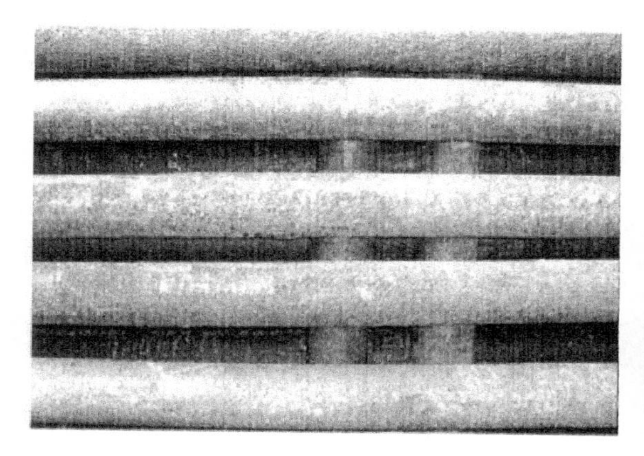

图 3.14　注入井管柱腐蚀状况

图 3.15　红浅火驱某注气井管柱腐蚀状况

4 生产系统 CO_2 及 O_2 腐蚀行为

火驱过程原油在地下燃烧产生 CO_2，同时可能还有残余 O_2，所以尾气中可能共存 CO_2 和 O_2，不同生产阶段和燃烧控制等因素导致尾气组分存在一定的差异。例如，辽河油田曙光区块[31]不同井或集输装置中火驱尾气含有约 2.3%～13.29% 的 CO_2 和 0.2%～9.39% 的 O_2；新疆油田红浅 1 井区区块火驱尾气含有约 5%～16% 的 CO_2 和 0.2%～2% 的 O_2，这两种气体的存在，对生产系统的设备一定会造成不同程度的腐蚀。对于单一 CO_2 环境下的油井金属材质腐蚀情况研究较为透彻，但对于 CO_2 与 O_2 共存环境下的腐蚀研究则较少。进行火驱尾气中 CO_2+O_2 腐蚀行为研究对生产设备寿命和火驱采油系统安全至关重要。

4.1 油套管材质的 CO_2+O_2 腐蚀行为评价

常用的油套管材质有碳钢、合金钢等不同种类，可适用于不同腐蚀环境中的使用要求。本节根据某油田特殊油藏火驱采油生产井腐蚀环境，运用高温高压室内模拟腐蚀实验，研究五种不同类型油套管材质在 CO_2+O_2 环境中腐蚀行为，评价其抗均匀腐蚀和抗局部腐蚀的性能，通过综合分析选出适合某油田火驱采油生产井 CO_2+O_2 腐蚀环境要求的油套管材质。

本节选取油田热采常用油套管和防腐油套管的五种材质 N80、90H、90H−3Cr、90H−9Cr 和 90H−13Cr。表 4.1 为以上五种材质的 CO_2+O_2 腐蚀评价实验条件。为方便描述，将氧分压为 0.03MPa 时称为低氧分压，氧分压为 0.15MPa 时称为高氧分压。

表 4.1 五种油套管材质的 CO_2+O_2 腐蚀评价实验条件

<table>
<tr><td>温度 /℃</td><td colspan="2">50、100、120、150、180、200</td></tr>
<tr><td>CO_2 分压 /MPa</td><td>0.42</td><td>0.42</td></tr>
<tr><td>O_2 分压 /MPa</td><td>0.03</td><td>0.15</td></tr>
<tr><td>CO_2/O_2 分压比</td><td>14</td><td>2.8</td></tr>
<tr><td>总压 /MPa</td><td colspan="2">3</td></tr>
<tr><td>产出水 /（mg/L）</td><td colspan="2">Ca^{2+}：124.87；Mg^{2+}：34.79；Cl^-：3940.05；HCO_3^-：1894.37；SO_4^{2-}：134.4；Na^++K^+：3125.56；矿化度：9254.04；pH 值 7.24</td></tr>
<tr><td>实验时间 /h</td><td colspan="2">168</td></tr>
<tr><td>流速 /（m/s）</td><td colspan="2">2</td></tr>
</table>

所有试样均为 ϕ72mm 的 1/6 圆环。腐蚀介质为产出水，总压为 3MPa，试样转速为 2m/s，腐蚀时间为 168h。

4.1.1 低氧分压下的腐蚀行为

4.1.1.1 不同温度下的腐蚀形貌

五种材质在 O_2 分压 0.03MPa、CO_2 分压 0.42MPa，50～200℃，168h 腐蚀后的宏观形貌和微观形貌如图 4.1 和图 4.2 所示。在该腐蚀环境中，N80、90H 和 90H−3Cr 钢级的材质在 50～100℃腐蚀后表面呈黑灰色，腐蚀产物较少；120～200℃腐蚀后表面逐渐从红褐色转变为黑色，且腐蚀产物较多。从腐蚀产物的微观形貌可以看出，N80、90H 和 90H−3Cr 钢级的材质在 50～100℃腐蚀表面组织致密，而 120～200℃腐蚀表面可观察到腐蚀产物不同程度的组织疏松、开裂等现象。

图 4.1 五种油套管在低氧分压 CO_2+O_2 环境 168h 腐蚀后的宏观形貌

90H−9Cr 和 90H−13Cr 钢级的材质在 50℃腐蚀后表面局部有红褐色腐蚀产物，100℃腐蚀后表面大部分被红褐色腐蚀产物覆盖，而 120～200℃腐蚀表面总体呈现黑色，且腐蚀产物较多。从腐蚀产物的微观形貌可以看出，90H−9Cr 和 90H−13Cr 钢级的材质在

50℃腐蚀表面仅局部有腐蚀产物，而 100～200℃腐蚀表面可观察到腐蚀产物一定程度的组织疏松、开裂等现象。

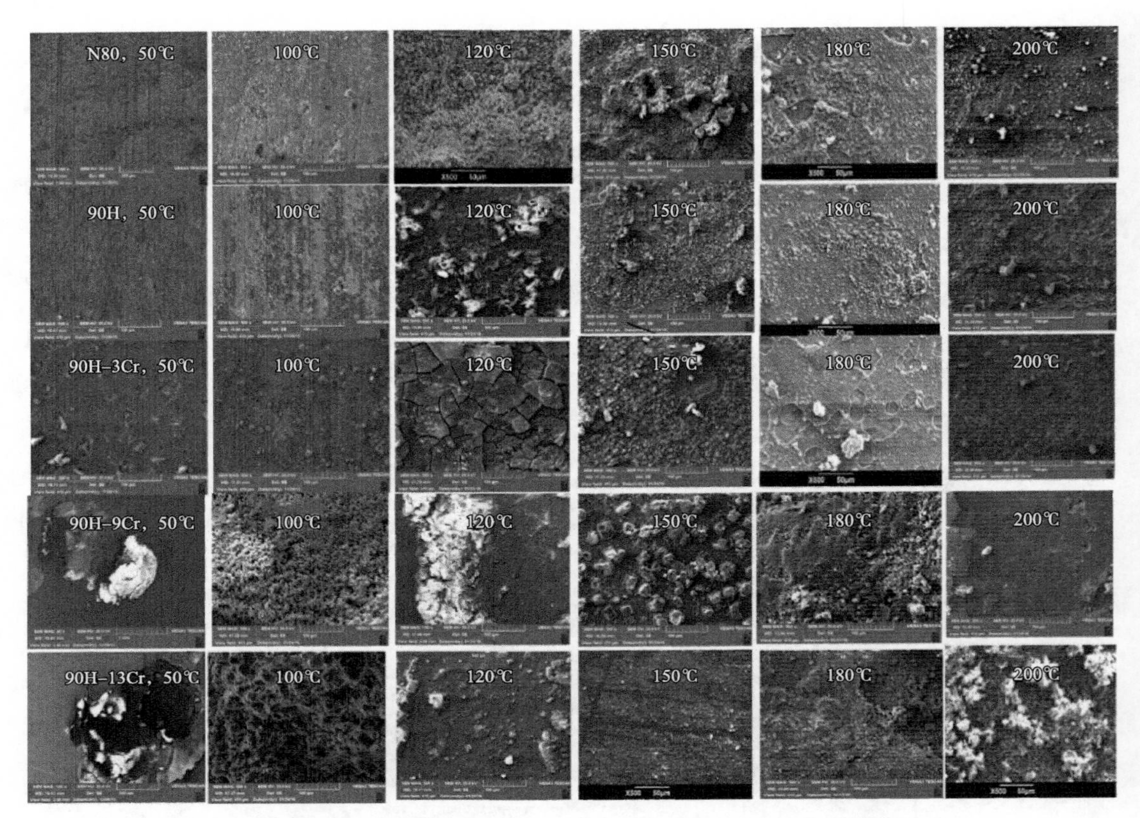

图 4.2　五种油套管在低氧分压 CO_2+O_2 环境 168h 腐蚀后的表面微观形貌

对五种材质表面腐蚀产物进行 XRD 物相分析，结果见表 4.2。可以看出，除了 90H−13Cr 钢 50℃腐蚀实验后因腐蚀产物较少未检测出以外，其他材质在不同条件下腐蚀后表面形成的产物由 CO_2 腐蚀产物 $FeCO_3$ 和氧腐蚀产物 Fe_2O_3、Fe_3O_4 中的一种或两种组成。此外，对 90H−9Cr 和 90H−13Cr 试样表面腐蚀产物进行成分分析发现，腐蚀坑边缘产物主要由 O、Cr、C、Fe 元素组成，且其中 Cr 元素质量分数可达到 48.54%，这表明腐蚀产物中形成了 Cr 的非晶产物，如氧化物（Cr_2O_3、CrO_3）或氢氧化物［$Cr(OH)_3$、CrOOH］等。

去除腐蚀产物后，试样表面形貌如图 4.3 所示。N80 钢和 90H 钢两种碳钢表面无明显蚀坑存在，以均匀腐蚀为主。90H−3Cr 腐蚀产物形貌与碳钢系材料类似，也以均匀腐蚀为主。N80、90H 和 90H−3Cr 钢表面虽然也有微小点蚀坑，但点蚀坑小于 5μm，可忽略不计。

90H−9Cr 和 90H−13Cr 试样表面在不超过 150℃时会发生严重局部腐蚀，其局部腐蚀速率如图 4.4 所示。但是，随着腐蚀温度升高到 180～200℃，均匀腐蚀程度加剧，局部腐蚀情况显著减轻。

表 4.2 五种油套管在低氧分压 CO_2+O_2 环境 168h 的腐蚀形貌

项目		材质腐蚀结果				
		N80	90H	90H−3Cr	90H−9Cr	90H−13Cr
微观腐蚀形貌	50～100℃	表面呈黑灰色，腐蚀产物较少，表面组织致密	表面呈黑灰色，腐蚀产物较少，表面组织致密	表面呈黑灰色，腐蚀产物较少，表面组织致密	50℃局部有红褐色腐蚀产物，100℃表面大部分被红褐色腐蚀产物覆盖	50℃局部有红褐色腐蚀产物，100℃表面大部分被红褐色腐蚀产物覆盖
	120～200℃	红褐色转变为黑色，腐蚀产物较多，组织疏松、开裂	红褐色转变为黑色，腐蚀产物较多，组织疏松、开裂	红褐色转变为黑色，腐蚀产物较多组织疏松、开裂	表面总体呈现黑色，腐蚀产物较多不同程度的组织疏松、开裂	表面总体呈现黑色，腐蚀产物较多，不同程度的组织疏松、开裂
点蚀		无明显蚀坑	无明显蚀坑	无明显蚀坑	微小点蚀坑，蚀坑小于 5μm	微小点蚀坑，蚀坑小于 5μm
腐蚀产物	50℃	Fe_2O_3 Fe_3O_4	Fe_2O_3	Fe_3O_4	Fe_3O_4	未检出
	100℃	$FeCO_3$	$FeCO_3$	$FeCO_3$	Fe_2O_3	Fe_2O_3
	120℃	$FeCO_3$ Fe_3O_4	Fe_3O_4	$FeCO_3$ Fe_3O_4	$FeCO_3$	Fe_3O_4
	150℃	$FeCO_3$ Fe_3O_4	$FeCO_3$	$FeCO_3$	Fe_3O_4	Fe_3O_4
	180℃	Fe_2O_3	Fe_2O_3	Fe_3O_4	Fe_3O_4	Fe_3O_4
	200℃	Fe_3O_4 $FeCO_3$	Fe_3O_4 $FeCO_3$	Fe_2O_3	$FeCO_3$ Fe_3O_4	$FeCO_3$ Fe_3O_4

4.1.1.2 温度对低氧分压下抗腐蚀性能的影响

图 4.5 为不同温度条件下 N80、90H、90H−3Cr、90H−9Cr 和 90H−13Cr 五种材质在低氧分压 CO_2+O_2 条件下的均匀腐蚀速率。五种材质随温度的变化规律类似，均匀腐蚀速率在 180℃时最低，在 200℃时最高。90H−3Cr 与相同环境的两种碳钢材料 N80 和 90H 的平均腐蚀速率比较接近，随温度的变化规律也相似。少量 Cr 元素的添加（3% 质量分数）并没有明显改善低 Cr 合金钢的抗 CO_2+O_2 均匀腐蚀能力。

在低氧分压条件下，温度不超过 100℃时，随着合金中 Cr 元素含量增加，均匀腐蚀速率也增加，90H−9Cr 和 90H−13Cr 的腐蚀速率均较 N80、90H 和 90H−3Cr 材质的腐蚀速率高，分别为 N80、90H 和 90H−3Cr 的 3 倍和 2 倍左右，属极严重腐蚀。温度增加到 120℃，90H−9Cr 和 90H−13Cr 平均腐蚀速率变化不大。在温度达到 180℃时，90H−9Cr

高合金钢和 90H−13Cr 马氏体不锈钢并没有表现出优于碳钢的抗均匀腐蚀性能，反而是 N80 和 90H 碳钢及 90H−3Cr 低铬钢平均腐蚀速率较低。参照 NACE SP−0775—2013 标准，90H−9Cr 和 90H−13Cr 为极严重腐蚀。

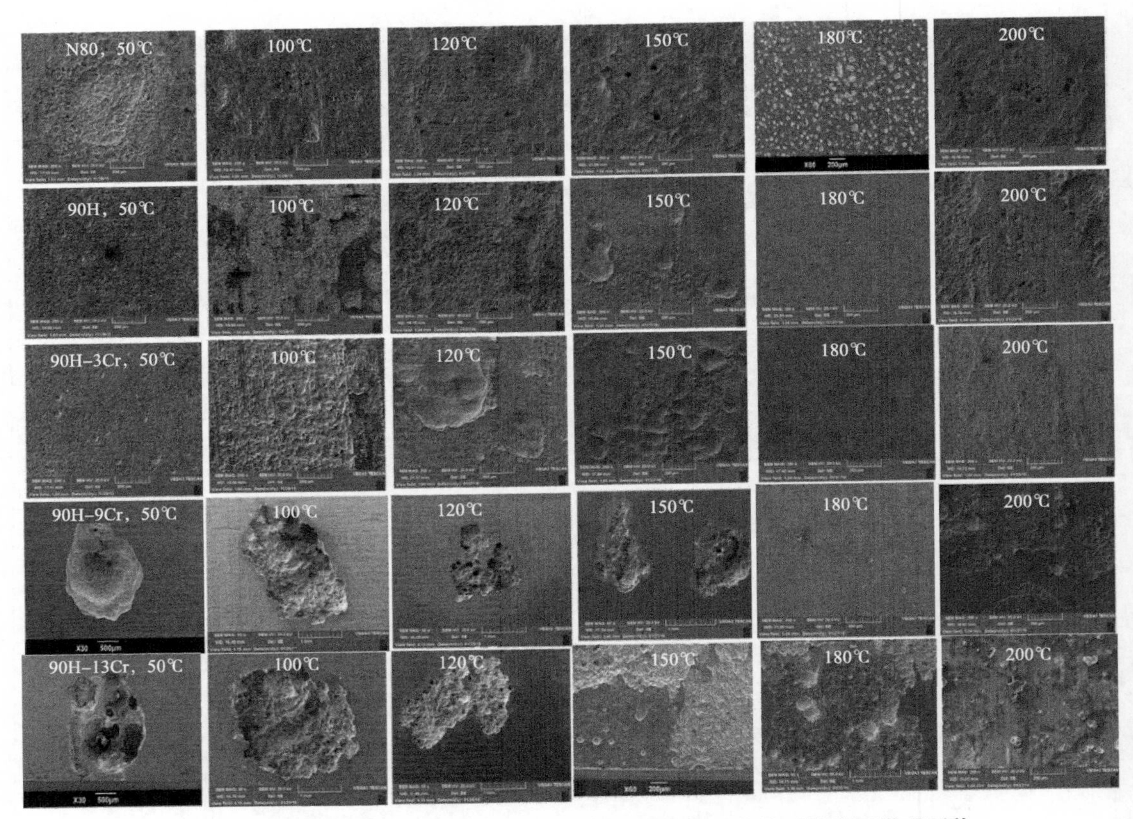

图 4.3　五种油套管在低氧分压 CO_2+O_2 环境去除腐蚀产物后的表面微观形貌

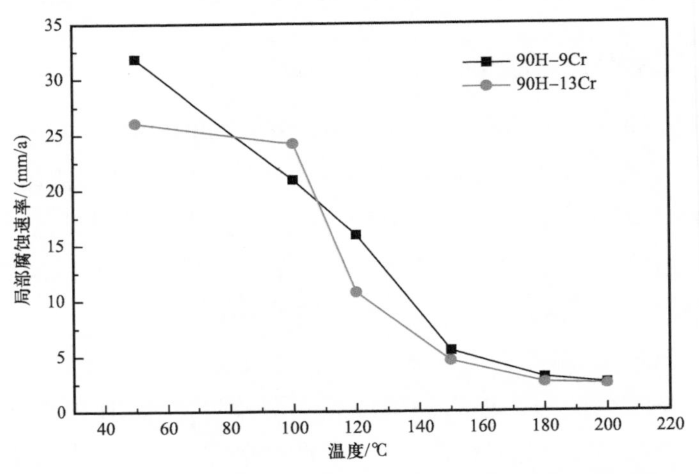

图 4.4　90H−9Cr 和 90H−13Cr 在低氧分压条件下局部腐蚀速率

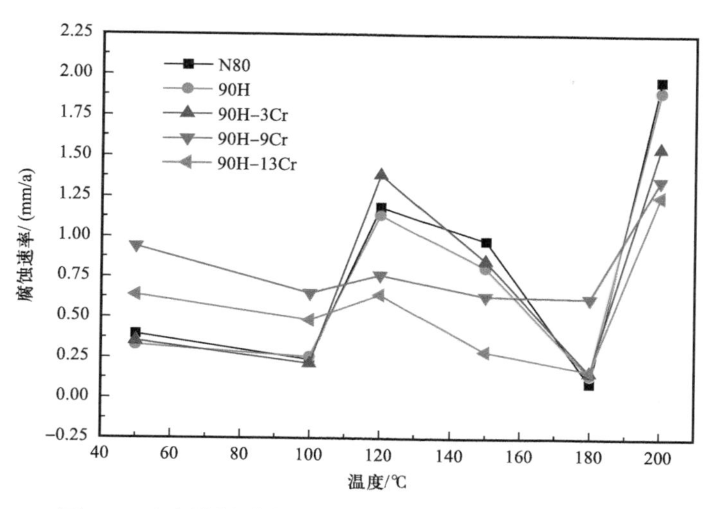

图 4.5　油套管材质在低氧分压条件下的均匀腐蚀速率图

N80、90H 和 90H-3Cr 三种材质腐蚀速率随温度的变化与腐蚀产物膜的形成密切相关。在 50℃下生成的腐蚀产物膜疏松而附着力弱，致密性、保护性较差，腐蚀速率较高；100℃时材料表面形成腐蚀产物增多，具有一定的保护性，腐蚀速率稍有下降。当温度升高到 120℃附近时，尽管 $FeCO_3$ 的形成条件是具备的，但此时金属表面上的 $FeCO_3$ 形核数目的减少及核周围结晶增长较慢和不均匀，所以基体上生成一层疏松的、多孔的厚 $FeCO_3$ 腐蚀产物膜，而且随着温度升高，电化学腐蚀的阴极过程加速占主导作用，均匀腐蚀速率增大，腐蚀速率出现极大值。

当温度继续升高达到 150～180℃时，溶液的 pH 值升高（接近于 7），阴极反应显著降低，金属的溶解速度下降；pH 值的升高有益于大量的腐蚀产物均匀地在金属表面上结晶形核，迅速生成一层致密的、附着力好的均质的腐蚀产物保护膜，腐蚀速率显著下降，在 180℃出现最小值。

当温度达 200℃时，金属材质在高温下可与水发生显著反应，其腐蚀产物可降低腐蚀产物膜的保护性；同时，生成的 $FeCO_3$ 继续发生氧化生成 Fe_3O_4 和 Fe_2O_3，当 Fe_3O_4 和 Fe_2O_3 含量较大时，$FeCO_3$ 变成厚而松散的无保护性的腐蚀产物膜，腐蚀速率继续上升，在 200℃出现腐蚀速率的最大值。

不锈钢指钢中含 Cr 量超过 12%的合金钢种，因为当含铬量达 12%时，合金具有完全自钝化的能力。马氏体不锈钢属于 Fe-Cr-C 系列，通常含有 13%～17% 的 Cr，油套管用马氏体不锈钢一般包括普通 13Cr（如 API L80-13Cr）、超级 13Cr、高强 15Cr 及国内外最近研发的新型 17Cr 不锈钢。马氏体不锈钢油套管的最终交货状态一般要经过调质处理，其组织为回火索氏体，国外也称之为回火马氏体不锈钢油套管。不锈钢通常具有比碳钢更好的耐蚀性，因为其表面易生成致密的、保护性好的钝化膜。一般而言，金属表面的钝化膜呈现半导体性质。按照 Sato 离子选择性模型，不锈钢表面双层钝化膜具有双极性离子

选择性特征，即内层膜主要为 Cr 的氧化物（如 Cr_2O_3），属于 p 型半导体特征，具有阴离子选择性；外层主要为 Cr 的氢氧化物，如 Cr（OH）$_3$，以及铁的氧化物等，属于 n 型半导体特征，具有阳离子选择性（图 4.6）。

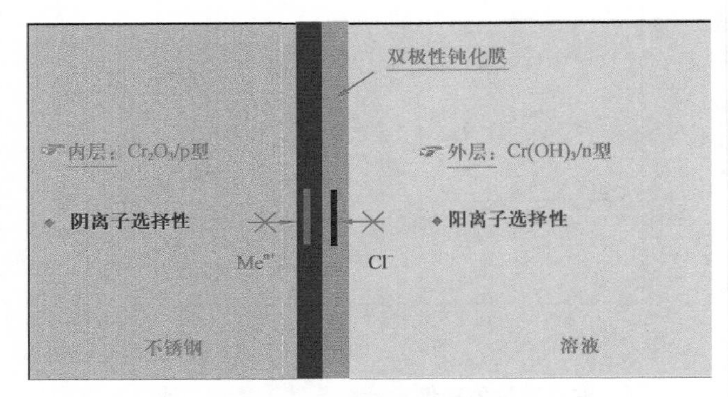

图 4.6　不锈钢双极性钝化膜结构示意图

图 4.7 为不锈钢的阳极极化曲线和 Cr 的 E–pH 图。不锈钢处于钝化态时（CD 段曲线），其钝化膜具有双极性 n–p 型半导体特征，能够阻止金属阳离子（如 Fe^{2+}、Cr^{3+}）从金属基体或合金中迁移，也能防止从溶液中渗入的阴离子（如 Cl^-）对基体产生侵蚀。当不锈钢处于活化态（BC 段曲线）或过钝化态（DE 段曲线）时，由于 Cr 元素的化学活性高于 Fe 元素，其离子化倾向要高于 Fe，表面 Cr 的氧化物和氢氧化物钝化膜破坏，腐蚀加剧。

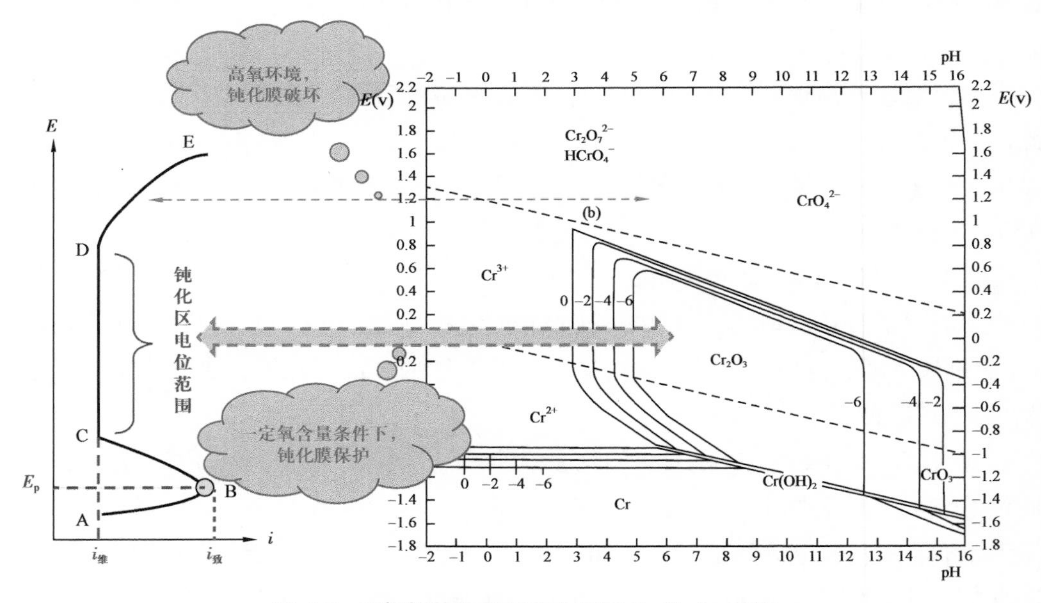

图 4.7　不锈钢的阳极极化曲线和 Cr 的 E–pH 图

不锈钢在完井及生产工况中的耐蚀性取决于钝化膜的稳定性及原子的离子化倾向。已有研究结果表明普通 13Cr 不锈钢在温度小于 150℃，Cl^- 浓度小于 50000mg/L 时具有良好

的抗 CO_2 均匀腐蚀和局部腐蚀性能，主要原因为不锈钢在该环境中处于钝化态。当环境中含有一定的 O_2 会促进不锈钢的钝化，但氧含量过高，钝化膜氧化生成 CrO_4^-、$Cr_2O_7^{2-}$、$HCrO_4^-$ 等，钝化膜破坏，不锈钢发生腐蚀。

90H−9Cr 合金钢和 90H−13Cr 不锈钢材质在 CO_2+O_2 环境条件下的腐蚀速率大小取决于金属材质表面钝化膜的致密性和完整性（钝化膜一般为 1～10nm 的非晶态、致密的氧化物或氢氧化物薄膜），钝态的金属实际上处于钝化膜的溶解和修复（再钝化）的动态平衡过程中，当这个动态平衡被打破，金属的腐蚀加剧。90H−9Cr 高合金钢和 90H−13Cr 不锈钢腐蚀速率随温度变化的原因如下：

（1）在 50～100℃范围内随着温度升高，电极反应加速有益于维持钝化膜的致密性和完整性（例如，对于易钝化金属来说，阳极极化电流密度增大到致钝电流密度时，钝化膜形成，腐蚀速率降低），腐蚀速率呈稍微降低趋势；

（2）当温度继续升高到 120℃，钝化膜的溶解加速，腐蚀速率上升。当温度升高到一定温度（环境条件，例如 CO_2 分压、O_2 分压、Cl^- 浓度、pH 值等，可影响到这一临界温度范围），钝化膜表面活性点显著增多，在活性点位置，溶液中的 Cl^- 可与钝化膜中的阳离子反应生成可溶性氯化物，钝化受到破坏，发生腐蚀，腐蚀速率出现极大值；

（3）当温度继续升高（150～180℃），已发生的点蚀可以再钝化（二次钝化），局部腐蚀减弱，腐蚀速率降低；

（4）在高温条件下（大于 200℃），随着温度升高，发生再钝化的钝化膜再次受到破坏（二次过钝化），腐蚀速率上升。

4.1.2 高氧分压下的腐蚀行为

增加 CO_2+O_2 气氛中的氧分压，意味着降低 CO_2/O_2 分压比。从 CO_2+O_2 腐蚀机理可知，这将导致腐蚀速率增加。本小节在 CO_2 分压保持 0.42MPa 不变的情况下，将氧分压从 0.03MPa 提高到 0.15MPa，使得 CO_2/O_2 分压比从 14 降低为 2.8，评价油井管材质不同温度下腐蚀行为的变化。

4.1.2.1 不同温度下的腐蚀形貌

图 4.8 所示为上述五种油套管在高氧分压经 168h 腐蚀的宏观形貌，图 4.9 为腐蚀产物的 SEM 形貌。在该环境中，N80 钢和 90H 钢腐蚀形貌类似，对比低氧分压时腐蚀形貌可见表面开裂脱落更为严重。90H−3Cr、90H−9Cr 和 90H−13Cr 在该环境中的表面腐蚀产物明显更多。去除腐蚀产物后试样表面的 SEM 形貌如图 4.10 所示。N80 钢和 90H 钢两种碳钢仍以均匀腐蚀为主；90H−3Cr 腐蚀产物形貌与碳钢系材料类似，仍以均匀腐蚀为主；而 90H−9Cr 和 90H−13Cr 试样表面发生严重局部腐蚀，以局部腐蚀为主，但随着温度的升高，局部腐蚀情况减轻。

图 4.8　五种油套管在高氧分压 CO_2+O_2 环境 168h 腐蚀后的宏观形貌

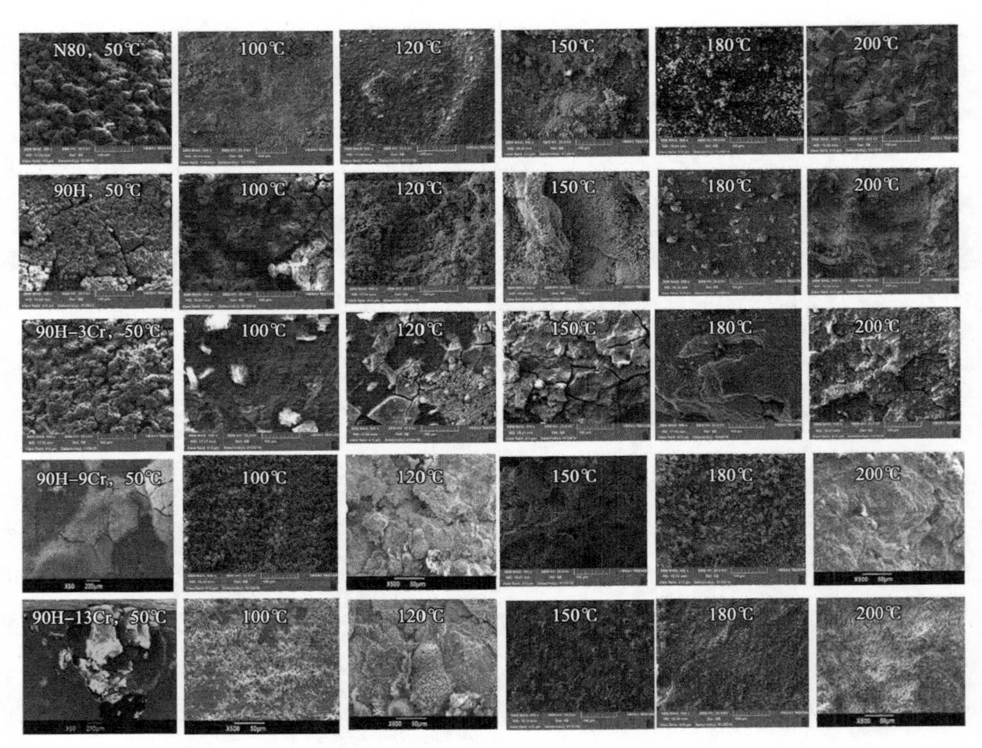

图 4.9　五种油套管在高氧分压 CO_2+O_2 环境腐蚀产物的 SEM 形貌

图 4.10　五种油套管在高氧分压 CO_2+O_2 环境去除腐蚀产物后表面形貌

高氧分压下腐蚀产物见表 4.3，可以看出碳钢 N80 和 90H 在不同温度下腐蚀后表面除了 Fe 的氧化物之外，都会生成 $FeCO_3$；而随着合金中 Cr 含量的不断增加，90H−13Cr 的腐蚀产物中的 $FeCO_3$ 明显减少。

表 4.3　氧分压 0.15MPa、CO_2/O_2 分压比为 2.8 下的五种材质 CO_2+O_2 腐蚀产物

材质	腐蚀产物					
	50℃	100℃	120℃	150℃	180℃	200℃
N80	FeOOH $FeCO_3$	Fe_2O_3 Fe_3O_4	Fe_2O_3 $FeCO_3$	Fe_3O_4 $FeCO_3$	Fe_2O_3 $FeCO_3$	Fe_2O_3 $FeCO_3$
90H	Fe_2O_3	Fe_2O_3	Fe_3O_4 $FeCO_3$	Fe_3O_4 $FeCO_3$	Fe_3O_4 $FeCO_3$	Fe_2O_3 $FeCO_3$
90H−3Cr	Fe_2O_3	Fe_2O_3	Fe_3O_4 $FeCO_3$	Fe_3O_4	Fe_3O_4 $FeCO_3$	Fe_3O_4
90H−9Cr	Fe_3O_4 $FeCO_3$	Fe_2O_3	Fe_2O_3 Fe_3O_4 $FeCO_3$	Fe_3O_4 $FeCO_3$	Fe_3O_4 $FeCO_3$	Fe_3O_4 Fe_2O_3
90H−13Cr	Fe−Cr	Fe_2O_3	Fe_3O_4 $FeCO_3$	Fe_3O_4	Fe_3O_4	Fe_2O_3 Fe_3O_4

4.1.2.2 高氧分压条件下不同温度抗腐蚀性能的影响分析

不同温度条件下 N80、90H、90H−3Cr、90H−9Cr 和 90H−13Cr 五种材质在高氧分压条件下的均匀腐蚀速率如图 4.11 所示。从图中可以看出，在实验温度范围内，五种材质的均匀腐蚀速率相对低氧分压时显著增大，五种材质分别在 180℃和 200℃时腐蚀速率达到最小值和最大值，这与低氧分压下规律相同；在实验温度范围内五种材质腐蚀速率远大于 0.2mm/a，碳钢及低合金钢 N80、90H、90H−3Cr 材质的均匀腐蚀速率比较接近，而高合金钢 90H−9Cr 并没有表现出比 N80、90H、90H−3Cr 材质更好的抗 CO_2+O_2 均匀腐蚀性能，而马氏体不锈钢 90H−13Cr 的抗均匀腐蚀性能相对更好。

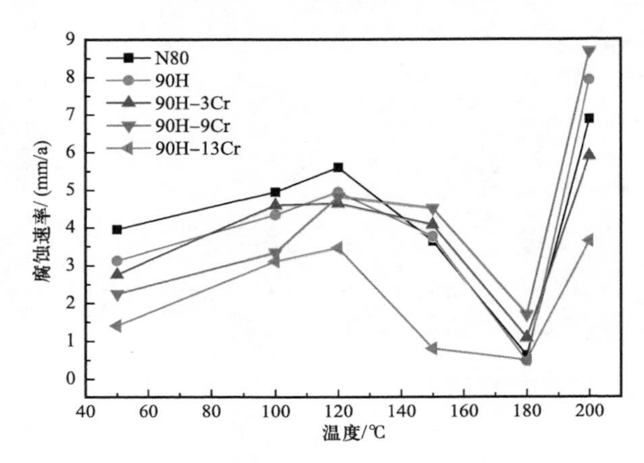

图 4.11 油套管材质在氧分压 0.15MPa、CO_2/O_2 分压比为 2.8 条件下的均匀腐蚀速率

图 4.12 为 200℃五种材质在不同氧分压条件下的均匀腐蚀速率对比，图 4.13 为 90H−9Cr 和 90H−13Cr 局部腐蚀速率对比。可以看出，氧分压增大，所有材质均匀腐蚀速率显著增大，90H−9Cr 和 90H−13Cr 局部腐蚀速率增大。O_2 在 CO_2 腐蚀的催化机制中有重要的作用，氧含量增大，阴极反应加速，阳极金属溶解加剧，导致腐蚀速率增大。

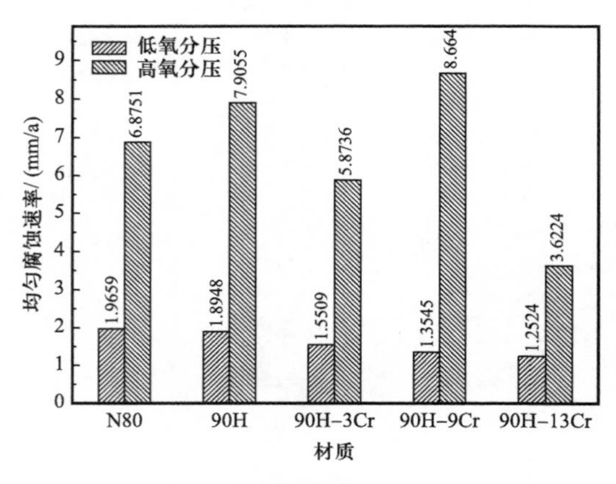

图 4.12 200℃不同材质在氧分压 0.03MPa 和 0.15MPa 条件下的均匀腐蚀速率

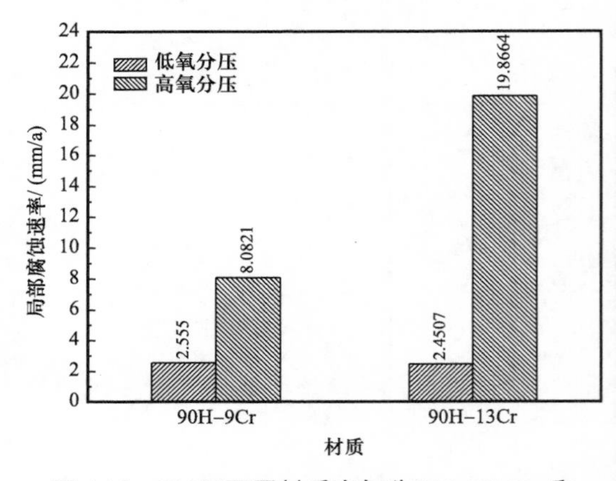

图 4.13 200℃不同材质在氧分压 0.03MPa 和 0.15MPa 条件下的局部腐蚀速率

4.1.3 油套管钢 CO_2+O_2 腐蚀的电化学分析和腐蚀机理

4.1.3.1 电化学分析

图 4.14 和图 4.15 为 N80、90H、90H−3Cr、90H−9Cr 和 90H−13Cr 五种油套管材质自腐蚀电位和极化曲线测试结果。由图可见，90H−13Cr 材质的自腐蚀电位最高，即在该环境中发生电化学腐蚀的趋势最小，N80、90H、90H−3Cr 的自腐蚀电位和自腐蚀电流密度接近，表明这三种材质发生电化学腐蚀的趋势相差不大。随着氧分压增大，五种材质的自腐蚀电流密度均有所增大，也就是材质的腐蚀速率增大，这和高压失重腐蚀实验结果一致。

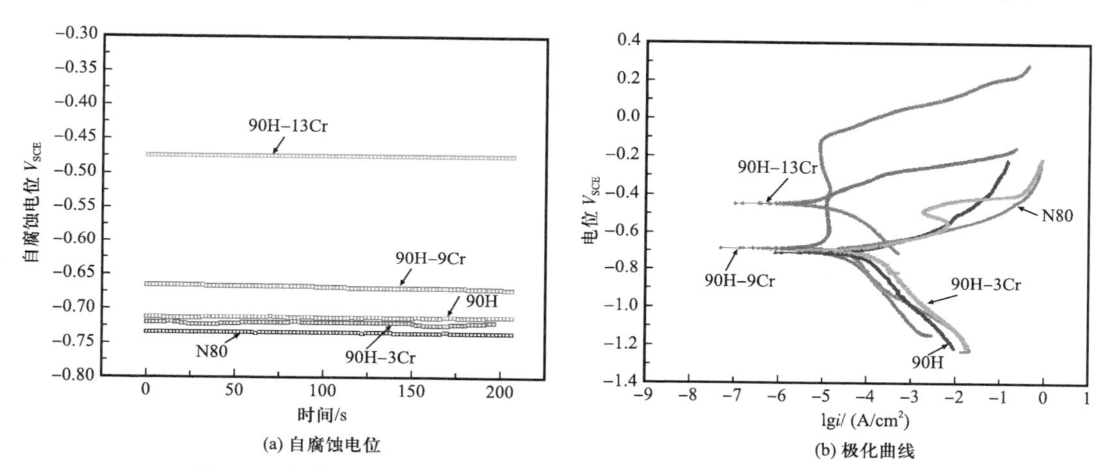

图 4.14 低氧分压 0.03MPa 条件下油套管材质自腐蚀电位及极化曲线

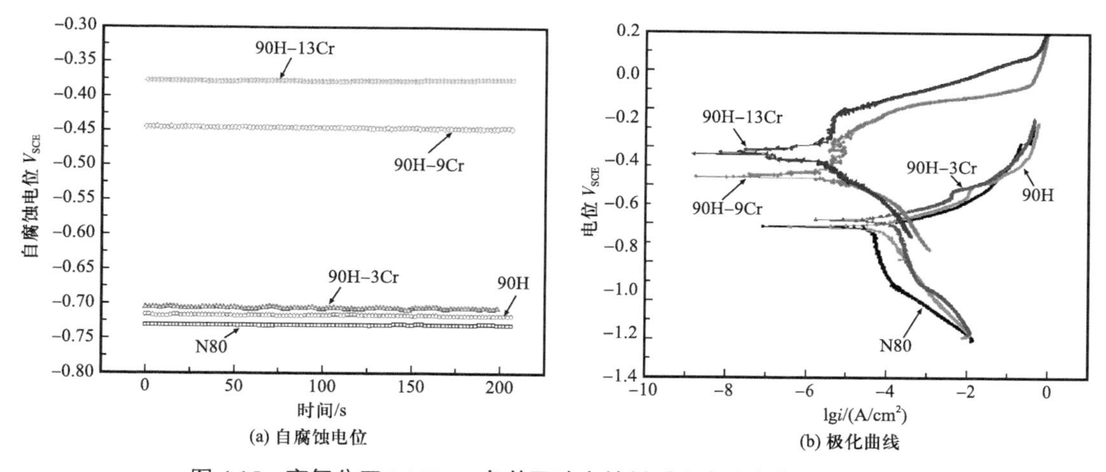

图 4.15 高氧分压 0.15MPa 条件下油套管材质自腐蚀电位及极化曲线

运用极化曲线分析软件对图 4.14 和图 4.15 进行分析，结果见表 4.4 和表 4.5。对于 N80、90H、90H−3Cr 三种碳钢和低合金钢材质，其阴极极化曲线 Tafel 斜率明显大于阳极极化曲线 Tafel 斜率，表明腐蚀反应均为阴极反应过程控制。由阴极极化曲线 Tafel 斜率可知，反应完全由活化控制。

表 4.4　低氧分压 0.03MPa 条件下油套管材质极化曲线参数拟合结果

材质	E_{corr}/mV	R/（Ω·cm²）	I_{corr}/（A/cm²）	b_a/（V/dec）	b_c/（V/dec）
N80	−734	757.7937	29.3×10^{-6}	0.0391	0.2257
90H	−711	747.3873	14×10^{-6}	0.0997	0.4326
90H−3Cr	−712	719.1654	11.0×10^{-6}	0.0569	0.2514
90H−9Cr	−675	1477.6646	9.104×10^{-7}	0.1821	0.0808
90H−13Cr	−474	3.611×10^{4}	1.7349×10^{-7}	0.0703	0.0165

表 4.5　高氧分压 0.15MPa 条件下油套管材质极化曲线参数拟合结果

材质	E_{corr}/mV	R/（Ω·cm²）	I_{corr}/（A/cm²）	b_a/（V/dec）	b_c/（V/dec）
N80	−730	72.9489	35.0×10^{-6}	0.03838	0.5148
90H	−716	74.3941	66.3×10^{-6}	0.04938	0.2575
90H−3Cr	−705	69.4872	127.0×10^{-6}	0.04512	0.4961
90H−9Cr	−446	1183.5815	1.073×10^{-6}	0.1163	0.07229
90H−13Cr	−377	3177.5486	0.78×10^{-6}	0.1349	0.06745

对于高合金钢 90H−9Cr 和马氏体不锈钢 90H−13Cr，在阳极区出现明显钝化现象，阳极极化曲线 Tafel 斜率明显大于阴极极化曲线 Tafel 斜率，表明腐蚀反应为阳极反应过程控制。自腐蚀电位下，阳极反应也就是钝化膜的溶解反应，腐蚀反应速度完全取决于钝化膜的溶解速度。

可以看出，随氧分压增大，所有材质的自腐蚀电位升高，极化电阻减小，自腐蚀电流密度增大。极化电阻代表腐蚀反应的阻力，极化电阻越大，腐蚀反应的阻力越大。自腐蚀电流密度代表腐蚀速率，电流密度越大，腐蚀速率越大。氧分压升高，促进了阴极反应进行，阴极反应阻力减小，阳极金属溶解加速，自腐蚀电流密度增大即腐蚀速率增大。

4.1.3.2　油套管钢的 CO_2+O_2 腐蚀机理

CO_2、O_2 是油气田金属材料腐蚀的阴极去极化剂。CO_2、O_2 共存条件下的腐蚀机理和相关研究进展在 1.3.3 节中已做了初步探讨，本节针对火驱采油 CO_2+O_2 工况下的相关腐蚀机理再做深入探讨。一定分压下，CO_2 溶于水后生成的 H_2CO_3 及其发生电离生成的 HCO_3^-、H^+ 都可以作为析氢腐蚀的去极化剂［式（4.1）］促进金属的腐蚀；而氧的存在，在酸性条件下发生式（4.2）的反应，将加速阴极的去极化过程，阴极反应加速，作为阳极反应的金属溶解加速，腐蚀加剧。

$$2H_3O^++2e \longrightarrow H_2+2H_2O \tag{4.1}$$

$$O_2+4H^++4e \longrightarrow 2H_2O \tag{4.2}$$

因此，一般情况下 CO_2+O_2 腐蚀速率要明显高于 CO_2、O_2 单独条件下的腐蚀速率。CO_2+O_2 腐蚀过程如下：在 CO_2+O_2 共存环境中，首先是 Fe（OH）$_3$ 和 Fe（OH）$_2$ 沉积，因为 $K_{sp}^{FeCO_3}>K_{sp}^{Fe(OH)_2}>K_{sp}^{Fe(OH)_3}$，所以反应（4.3）和（4.4）进行。

$$Fe+2H_2O \longrightarrow Fe(OH)_2+H_2 \tag{4.3}$$

$$4Fe(OH)_2+O_2+2H_2O \longrightarrow 4Fe(OH)_3 \tag{4.4}$$

当 $[Fe^{2+}]\times[CO_3^{2-}]/K_{sp}>1$ 时，$FeCO_3$ 在试样表面形成。$FeCO_3$ 主要由反应（4.5）和（4.6）形成。

$$Fe+HCO_3^- \longrightarrow FeCO_3+H^++2e \tag{4.5}$$

$$Fe(OH)_2+HCO_3^- \longrightarrow FeCO_3+H_2O+OH^- \tag{4.6}$$

当 O_2 足够多时，$FeCO_3$ 容易被氧化，发生反应（4.7），原本形成的腐蚀产物膜将被破坏，即 O_2 的存在加剧了 CO_2 腐蚀过程。

$$4FeCO_3+O_2+4H_2O \longrightarrow 2Fe_2O_3+4H_2CO_3 \tag{4.7}$$

在一定条件下，Fe（OH）$_3$ 和 Fe（OH）$_2$ 反应生成 Fe_2O_3 和 Fe_3O_4。

$$Fe(OH)_2+2Fe(OH)_3 \longrightarrow Fe_3O_4+4H_2O \tag{4.8}$$

$$2Fe(OH)_3 \longrightarrow Fe_2O_3+3H_2O \tag{4.9}$$

最终腐蚀产物为 $FeCO_3$、Fe_3O_4 和 Fe_2O_3。

当温度很高时（200℃左右），金属材质在高温下可与水发生反应，其腐蚀产物 Fe_3O_4 可降低腐蚀产物膜的保护性。

$$3Fe+4H_2O \longrightarrow Fe_3O_4+4H_2 \tag{4.10}$$

4.1.4 高氧分压下 TC4 钛合金的 CO_2+O_2 腐蚀行为

在 CO_2 分压 0.42MPa，氧分压 0.15MPa，CO_2+O_2 条件下，实验评价的这五种碳钢及合金钢的腐蚀程度均达到了极严重腐蚀。TC4 钛合金管有望在高氧分压 CO_2+O_2 腐蚀条件具备良好的耐腐蚀性能，因此对其进行该条件下的耐腐蚀性能评价。

图 4.16 所示为 TC4 钛合金在高氧分压下腐蚀后的宏观形貌和腐蚀产物的 SEM 形貌。从宏观形貌可以看出，TC4 钛合金腐蚀轻微，50℃下表面局部呈黄色；100～180℃呈红褐色，200℃下又呈现出金属光泽。表面腐蚀产物 SEM 显示表面膜均匀、致密，物相分析显示不同温度下腐蚀产物均为 TiO_2。去除表面腐蚀产物后可见表面无明显腐蚀。

图 4.16　TC4 钛合金在高氧分压下不同温度腐蚀后的宏观形貌和腐蚀产物 SEM 形貌

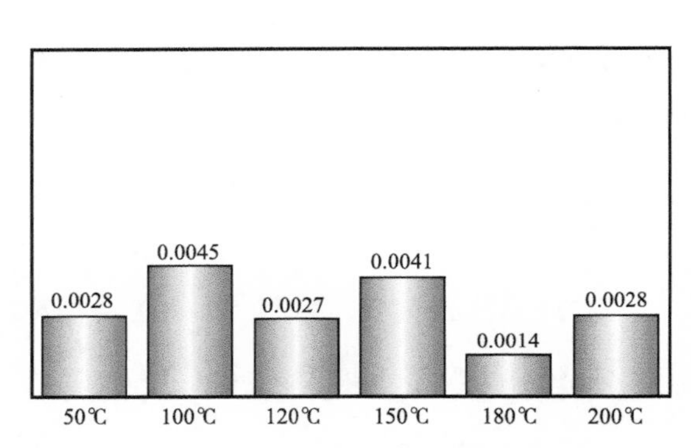

图 4.17　TC4 钛合金在不同温度条件下的均匀腐蚀速率（单位：mm/a）

图 4.17 为不同温度条件下 TC4 钛合金的均匀腐蚀速率对比分析。由图可见，随温度升高，TC4 钛合金均匀腐蚀速率变化不大，在所模拟温度范围，TC4 钛合金均为轻微腐蚀。

图 4.18 为高氧分压条件下 TC4 钛合金试样表面去除腐蚀产物后的微观腐蚀形貌。由图可见，所有温度条件下，试样表面无局部腐蚀发生。TC4 钛合金具有良好的抗 CO_2+O_2 腐蚀能力。

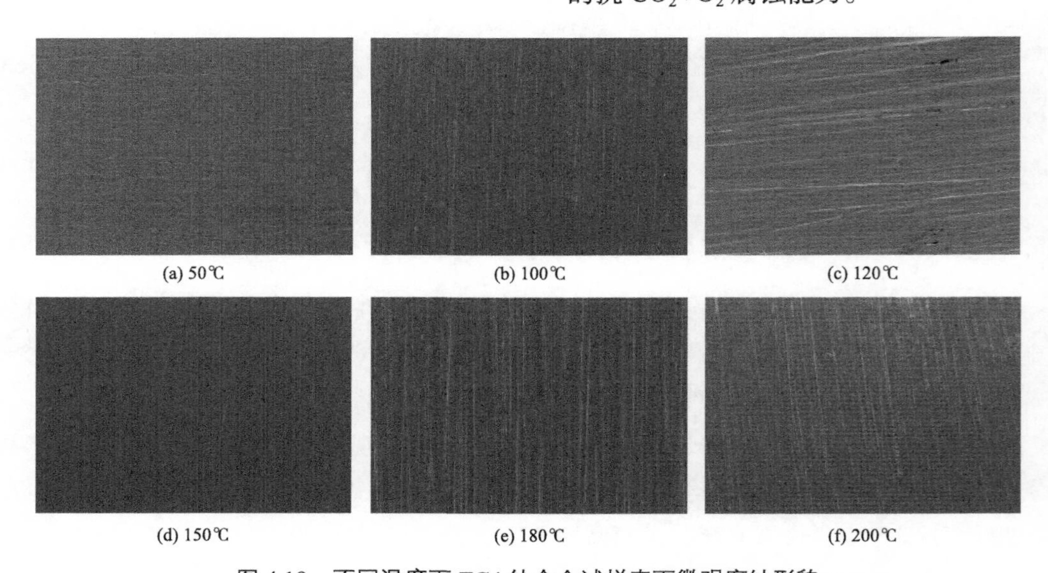

图 4.18　不同温度下 TC4 钛合金试样表面微观腐蚀形貌

钛及钛合金良好的抗腐蚀能力源于其表面形成稳定、致密的氧化钛层（钝化膜）。从 Ti−H_2O 系的 E−pH 图上可以看出（图 4.19）：在 23℃（室温）和 250℃条件下，生成 TiO_2（钝化）化学反应平衡线和 Ti 的免蚀区都要低于氢的氧化还原反应平衡线，在水溶液中 Ti 立即发生钝化。Ti 在 23℃的活性溶解区（生成 Ti^{2+}）延伸到 pH=8，但温度上升到 250℃，活性溶解区缩减到 pH≤4，也就是说，温度升高，Ti 的钝化区增大，发生活化腐蚀倾向性减小。但上述分析仅限制在纯水溶液中 Ti 发生腐蚀的热力学倾向，未考虑实际工况条件下其他腐蚀因素的影响，如生产工况地层水中的 Cl^-、CO_2、O_2、H_2S 及单质 S 等，这些因素会影响 Ti 的不同氧化还原状态在 E−pH 图上所处的位置，促进 Ti 及 Ti 合金的腐蚀。本文中所模拟的腐蚀介质 pH 值介于 4～8 之间，温度最高为 200℃，如果不含腐蚀性气体（CO_2、O_2），腐蚀环境为 Ti 的免蚀区，Ti 及 Ti 合金不会发生腐蚀，含有 CO_2 和 O_2 时会促进 TC4 钛合金的腐蚀，但腐蚀仍为轻微腐蚀。

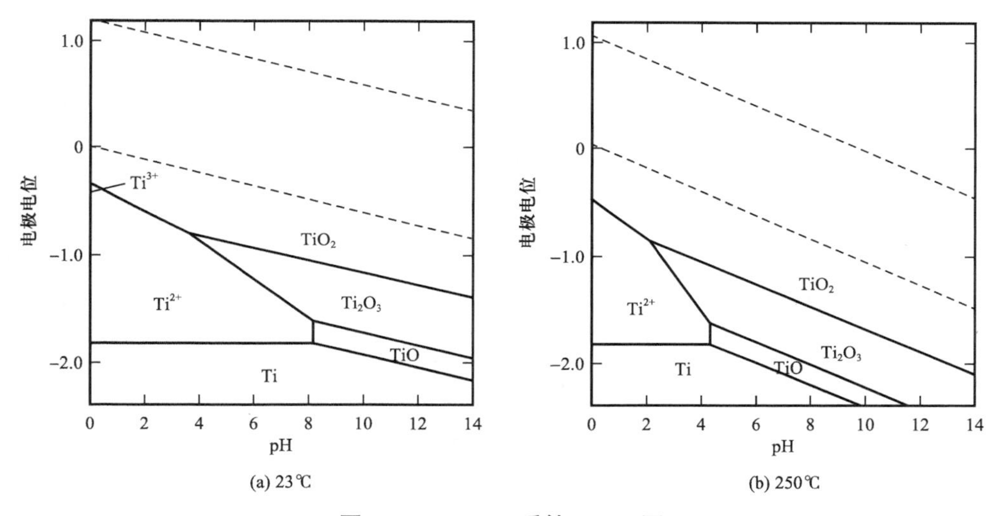

图 4.19 Ti−H_2O 系的 E−pH 图

在高氧分压 CO_2+O_2 环境中，TC4 钛合金比五种油套管材质（N80、90H、90H−3Cr、90H−9Cr、90H−13Cr）具有更好的抗 CO_2+O_2 均匀腐蚀和局部腐蚀能力。

4.2 抽油泵材质抗 CO_2+O_2 腐蚀行为评价

火驱采油井中除了油套管外还需下入抽油泵和抽油杆进行采油生产，这些设备同样存在腐蚀问题，本节运用高温高压室内模拟腐蚀实验，评价油田抽油泵常用的碳钢及合金钢材质在火驱采油生产井腐蚀环境中，金属材质的抗 CO_2+O_2 均匀腐蚀、局部腐蚀性能，通过综合分析选出适合火驱采油生产井 CO_2+O_2 腐蚀环境要求的抽油泵材质。

选取的三种抽油泵材质 45 号钢，20CrMo 和 9Cr18Mo 钢的化学组成见表 4.6，样品试验和分析方法与第 4.1 节中相同。

表 4.6 化学成分分析结果

材质	元素组成 /%								
	C	Si	Mn	P	S	Ni	Cr	Mo	V
9Cr18Mo	0.0843	0.538	0.393	0.019	0.006	0.192	17.047	0.466	0.098
20CrMo	0.223	0.200	0.571	0.016	0.008	0.075	0.919	0.17	0.005
45 号钢	0.451	0.198	0.515	0.025	0.008	0.004	0.017	0.001	0.002

4.2.1 低氧分压下的腐蚀行为

图 4.20 所示为经 168h 腐蚀后的宏观形貌，50～150℃下 45 号钢和 20CrMo 试样表面腐蚀产物逐渐由黑色转变为砖红色，而 9Cr18Mo 试样表面腐蚀产物逐渐由砖红色转变为黑色。180℃和 200℃下三种材质表面主要为不均匀黑色腐蚀产物，局部有少量砖红色或白色腐蚀产物。

图 4.20 三种材质在低氧分压下的 CO_2+O_2 腐蚀 168h 后的宏观形貌

腐蚀产物的 SEM 形貌如图 4.21 所示，50～100℃下 45 号钢和 20CrMo 表面不均匀黑色，局部有少量砖红色或白色，温度升高至 120～200℃时腐蚀产物疏松。9Cr18Mo 试样表面腐蚀产物形貌无明显规律。

对表面腐蚀产物的分析表明，在 50～100℃下 45 号钢和 20CrMo 钢表面腐蚀产物主要为 $FeCO_3$ 和 Fe_2O_3，在 120～200℃腐蚀产物随温度升高由 $FeCO_3$ 和 Fe_2O_3 逐渐转变为 Fe_3O_4 和 $FeCO_3$ 相。9Cr18Mo 钢在 50～100℃下试样表面腐蚀较少，主要是 Cr 的氧化物（Cr_2O_3、CrO_3）或氢氧化物［$Cr(OH)_3$、CrOOH］，120～200℃腐蚀产物随温度升高由

Cr_2O_3 和 CrO_3 逐渐转变为 Fe_3O_4 和 $FeCO_3$，与 45 号钢和 20CrMo 钢相似。总体腐蚀实验结果评价见表 4.7。

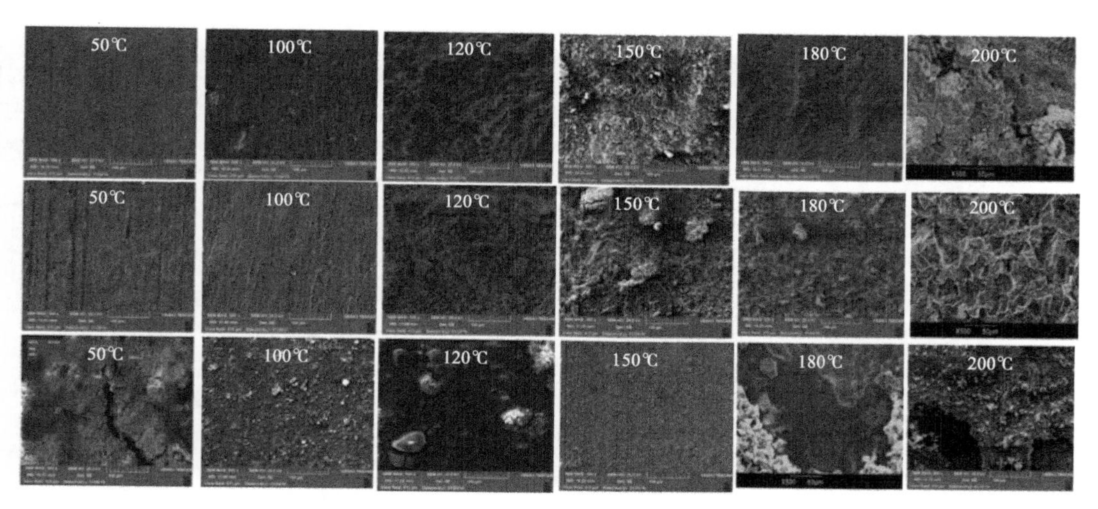

图 4.21　三种材质在低氧分压下的 CO_2+O_2 腐蚀产物的 SEM 形貌

表 4.7　三种抽油泵材质在低氧分压 CO_2+O_2 环境 168h 腐蚀结果评价

项目		材质腐蚀结果		
		45 号钢	20CrMo	9Cr18Mo
宏观形貌	50～100℃	黑色转变为砖红色	黑色转变为砖红色	由砖红色转变为黑色
	120～200℃	不均匀黑色，局部有少量砖红色或白色	不均匀黑色，局部有少量砖红色或白色	不均匀黑色，局部有少量砖红色或白色
腐蚀特征		均匀腐蚀	均匀腐蚀	局部腐蚀
SEM 形貌		不均匀黑色，局部有少量砖红色或白色	不均匀黑色，局部有少量砖红色或白色	无明显规律
腐蚀产物	50～100℃	$FeCO_3$、Fe_2O_3	$FeCO_3$、Fe_2O_3	Cr_2O_3、CrO_3
	120～200℃	Fe_3O_4、$FeCO_3$	Fe_3O_4、$FeCO_3$	Fe_3O_4 和 $FeCO_3$

表 4.8 为不同温度条件下三种材质在低氧分压环境中的均匀腐蚀速率汇总表。图 4.22 为三种材质均匀腐蚀速率对比分析，可以看出三种材质分别在 180℃和 200℃时腐蚀速率达到最小值和最大值，45 号钢、20CrMo 两种材质腐蚀速率接近；除 180℃时 45 号钢和 20CrMo 腐蚀速率小于 0.2mm/a 外，其他条件下所有材质腐蚀速率均偏大，马氏体不锈钢 9Cr18Mo 并没有表现出更好的抗 CO_2+O_2 均匀腐蚀性能，尤其是 50℃和 100℃下的低温腐蚀，原因应是低温下生成的 Cr 的氧化物和氢氧化物组织疏松，未形成致密的腐蚀产物膜。

表 4.8　三种抽油泵材质在低氧分压 CO_2+O_2 环境均匀腐蚀速率

材质	均匀腐蚀速率 / (mm/a)					
	50℃	100℃	120℃	150℃	180℃	200℃
9Cr18Mo	0.9364	0.8899	1.1744	0.5325	0.4031	1.1876
45 号钢	0.2889	0.1912	1.2456	0.9151	0.0968	1.9965
20CrMo	0.3275	0.2752	1.4657	0.8557	0.1255	1.8549

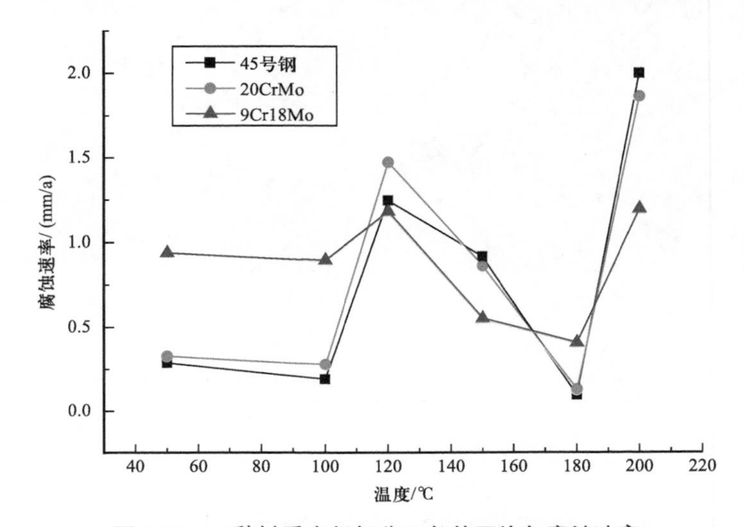

图 4.22　三种材质在低氧分压条件下均匀腐蚀速率

图 4.23 所示为清除表面腐蚀产物后的表面宏观形貌，可以看出在不同温度条件下，45 号钢和 20CrMo 两种材质主要以均匀腐蚀为主，9Cr18Mo 材质以局部腐蚀为主。图 4.24 为氧分压为 0.03MPa 条件下，9Cr18Mo 在不同温度下的局部腐蚀速率对比。由图可见，随温度升高，局部腐蚀速率减小。

图 4.23　三种材质清除表面腐蚀产物后的表面宏观形貌

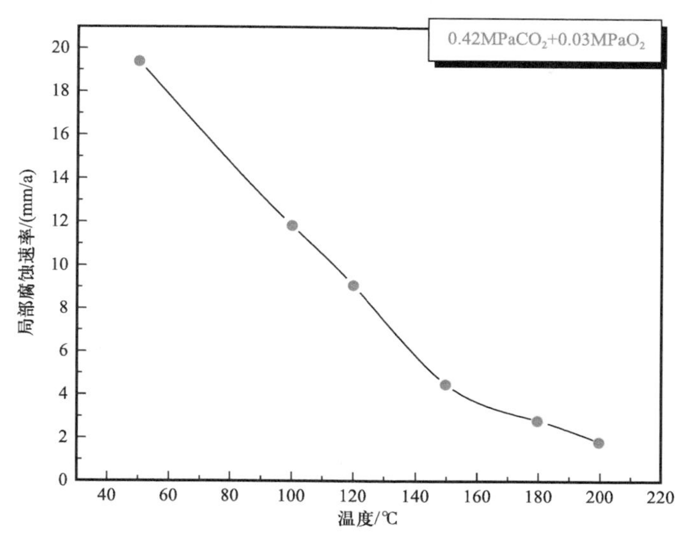

图 4.24 9Cr18Mo 材质在低氧分压条件下不同温度局部腐蚀速率对比图

图 4.25 低氧分压条件下 9Cr18Mo 试样表面微观腐蚀形貌。结合图 4.23 可见，9Cr18Mo 材质发生严重局部腐蚀，在较低温下局部腐蚀最严重，随温度升高，局部腐蚀减轻。50℃时，试样表面大部分处于钝化态，局部位置钝化膜破坏发生腐蚀；温度升高到 100～120℃时，钝化膜的溶解加速，有腐蚀产物生成，而且试样表面有 NaCl 盐颗粒沉积，去除 NaCl 盐颗粒后，底部出现明显局部腐蚀坑；当温度继续升高时，NaCl 盐溶解度增大，在试样表面很难沉积，降低了局部腐蚀程度，而且温度升高钝化膜的溶解加速，在高温条件下，均匀腐蚀程度明显加剧，弱化了局部腐蚀。

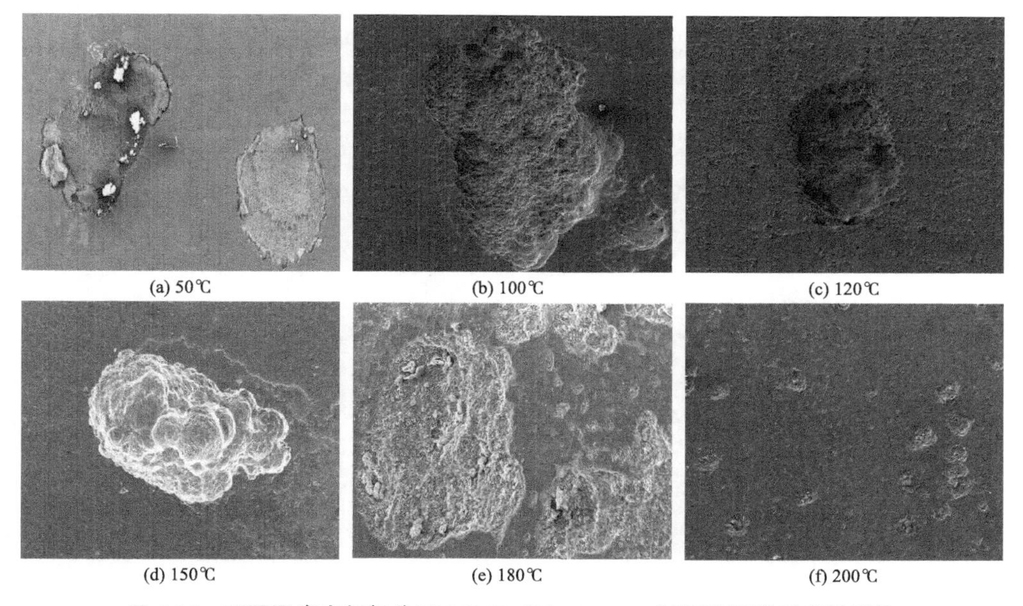

图 4.25 不同温度在低氧分压 0.3MPa 下 9Cr18Mo 试样表面微观腐蚀形貌

4.2.2 高氧分压下的腐蚀行为

图 4.26 为不同温度条件下三种材质在高氧分压环境中的均匀腐蚀形貌。45 号钢和 20CrMo 在 50～100℃腐蚀后试样表面可见砖红色腐蚀产物附着，这与低氧分压时黑色腐蚀产物显著不同；随温度从 120℃升高到 200℃，腐蚀产物逐渐从红褐色转变为黑色。9Cr18Mo 在 50℃下即发生严重局部腐蚀，腐蚀位置处表面产物呈棕黄色；100～200℃腐蚀后试样表面与低氧分压时相似，腐蚀产物以局部的黑色突出物为主。

图 4.26　三种材质在高氧分压下 CO_2+O_2 腐蚀表面的宏观形貌

试样表面腐蚀产物的 SEM 形貌如图 4.27 所示，50～100℃下 45 号钢和 20CrMo 表面腐蚀产物相对比较致密，温度升高至 120～200℃时腐蚀产物疏松。50～120℃时 9Cr18Mo 试样表面上层腐蚀产物有开裂、脱落现象，150～200℃试样表面腐蚀产物疏松。对腐蚀产物的物相分析见表 4.9，可以看出 50～200℃三种材质表面腐蚀产物主要由 Fe_2O_3 和 $FeCO_3$ 转变为 Fe_3O_4 和 $FeCO_3$，这与其表面腐蚀产物颜色的变化相一致。

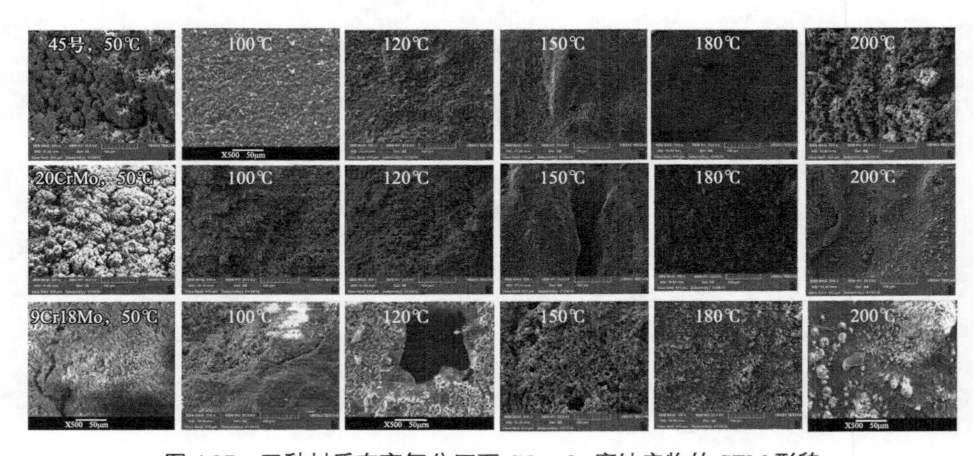

图 4.27　三种材质在高氧分压下 CO_2+O_2 腐蚀产物的 SEM 形貌

表 4.9 三种材质在不同温度高氧分压下 CO_2+O_2 腐蚀产物分析

材质	腐蚀产物					
	50℃	100℃	120℃	150℃	180℃	200℃
45 号钢	$FeCO_3$ Fe_2O_3	$FeCO_3$ Fe_2O_3	$FeCO_3$ Fe_3O_4 $Fe(OH)_3$	Fe_3O_4	Fe_3O_4	Fe_3O_4 $FeCO_3$
20CrMo	$FeCO_3$ Fe_2O_3	Fe_2O_3	Fe_3O_4 $FeCO_3$ Fe_2O_3	Fe_3O_4	Fe_3O_4 $FeCO_3$	Fe_3O_4 $FeCO_3$
9Cr18Mo	—	$FeCO_3$ Fe_2O_3 $Fe_{2.964}O_4$	Fe_3O_4 $FeCO_3$	Fe_3O_4 $FeCO_3$	Fe_3O_4	Fe_3O_4

去除表面腐蚀产物后的形貌如图 4.28 所示，可以看出 45 号钢和 20CrMo 以均匀腐蚀为主，而 9Cr18Mo 以局部腐蚀为主。表 4.10 为不同温度条件下三种材质在高氧分压环境中的均匀腐蚀速率汇总表。图 4.29 为三种材质均匀腐蚀速率对比分析，与低氧分压时腐蚀速率的规律相同，三种材质分别在 180℃和 200℃时腐蚀速率达到最小值和最大值，在试验温度范围内腐蚀速率远大于 0.2mm/a。高 Cr 合金钢 9Cr18Mo 未表现出更优异的耐腐蚀性能。

图 4.28 三种材质在高氧分压下 CO_2+O_2 腐蚀清洗后形貌

表 4.10 三种材质在高氧分压 0.15MPa 条件下的均匀腐蚀速率

材质	腐蚀速率 /（mm/a）					
	50℃	100℃	120℃	150℃	180℃	200℃
45 号钢	1.4489	3.8314	5.0714	4.8582	0.3845	6.0700
20CrMo	3.8495	6.7629	6.2843	4.4162	0.7297	7.4246
9Cr18Mo	3.2025	4.4318	5.5667	2.1757	1.2582	6.4886

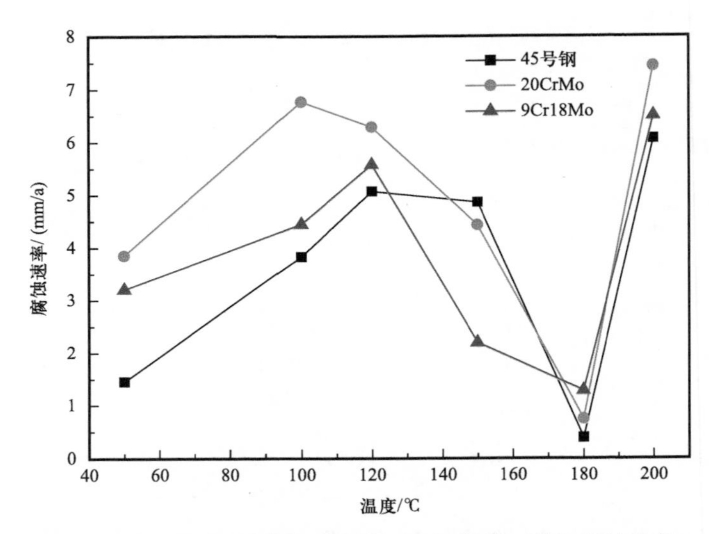

图 4.29 三种材质在高氧分压 0.15MPa 条件下均匀腐蚀速率

同油套管材质一样，三种抽油泵材质腐蚀速率随氧含量增大而增大。图 4.30 为 200℃时，三种材质不同氧分压均匀腐蚀速率对比分析，可见氧含量增大所有材质均匀腐蚀速率显著增大。表 4.11 为 9Cr18Mo 材质不同温度和氧分压下的局部腐蚀速率，可以看出增大氧分压，导致其局部腐蚀速率增大；升高温度，局部腐蚀速率总体呈下降趋势。

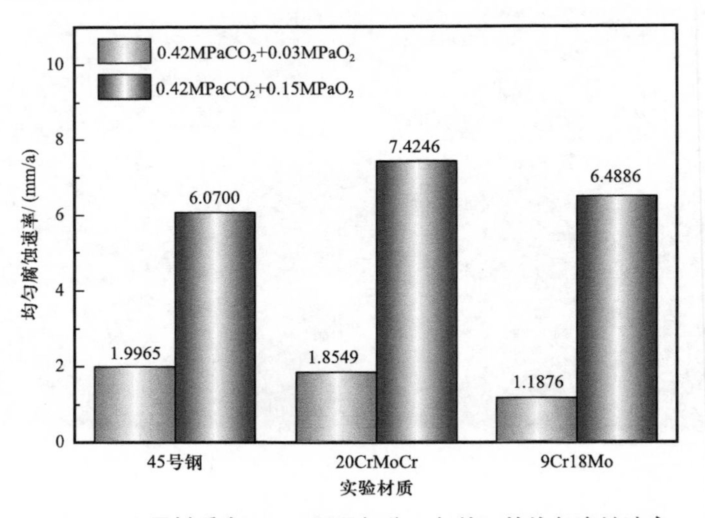

图 4.30 不同材质在 200℃不同氧分压条件下的均匀腐蚀速率

表 4.11 9Cr18Mo 材质在不同温度条件下局部腐蚀速率

条件	腐蚀速率 /（mm/a）					
	50℃	100℃	120℃	150℃	180℃	200℃
低氧分压	19.3971	11.8364	9.0729	4.4843	2.8157	1.825
高氧分压	25.3936	15.3821	10.7414	10.4286	9.0729	20.5443

4.2.3 抽油泵材质 CO_2+O_2 腐蚀的电化学分析

图 4.31 和图 4.32 为 45 号钢、20CrMo 和 9Cr18Mo 三种抽油泵材质自腐蚀电位和极化曲线测试结果。由图可见，相同氧分压下，9Cr18Mo 材质的自腐蚀电位最高，自腐蚀电流密度最小，即在该环境中发生电化学腐蚀的趋势最小，20CrMo 发生电化学腐蚀的趋势最大。氧分压增大即高氧分压下，三种材质的自腐蚀电位均升高，极化电阻减小，自腐蚀电流密度增大。

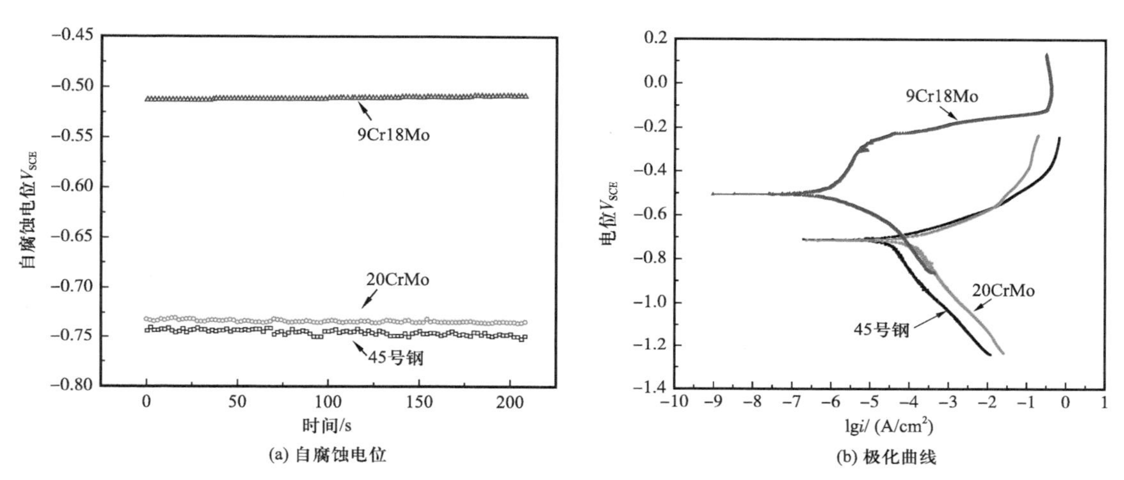

图 4.31 低氧分压条件下抽油泵材质自腐蚀电位及极化曲线

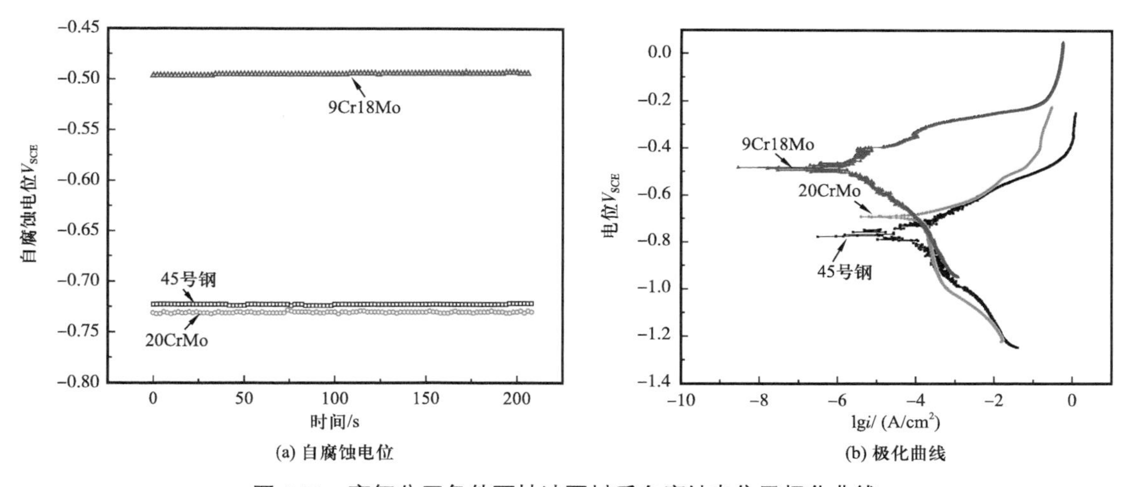

图 4.32 高氧分压条件下抽油泵材质自腐蚀电位及极化曲线

极化曲线参数拟合结果如表 4.12 和表 4.13 所示。由表可见，对于 45 号碳钢和 20CrMo 低合金钢材质，阴极极化曲线 Tafel 斜率明显大于阳极极化曲线 Tafel 斜率，表明腐蚀反应均为阴极反应过程控制。

对于马氏体不锈钢 9Cr18Mo，阳极极化曲线 Tafel 斜率明显大于阴极极化曲线 Tafel

斜率，表明腐蚀反应为阳极反应过程控制。自腐蚀电位下，阳极反应也就是钝化膜的溶解反应，腐蚀反应速度完全取决于钝化膜的溶解速度。

表 4.12　低氧分压条件下抽油泵材质极化曲线参数拟合结果

材质	E_{corr}/mV	I_{corr}/（A/cm^2）	R/（Ω · cm^2）	b_a/（V/dec）	b_c/（V/dec）
45 号钢	−740	24.2×10^{-6}	498.3036	0.0499	0.2006
20CrMo	−732	108.0×10^{-6}	144.5825	0.0626	0.2342
9Cr18Mo	−505	2.12×10^{-6}	2.1	0.2003	0.0858

表 4.13　高氧分压条件下抽油泵材质极化曲线参数拟合结果

材质	E_{corr}/mV	I_{corr}/（A/cm^2）	R/（Ω · cm^2）	b_a/（V/dec）	b_c/（V/dec）
45 号钢	−723	98.0×10^{-6}	211.3307	0.0834	0.2414
20CrMo	−730	139.0×10^{-6}	117.5965	0.0474	0.5858
9Cr18Mo	−495	5.92×10^{-6}	5.92	0.2020	0.1211

综上所述，随氧含量增大，所有材质的自腐蚀电位升高，极化电阻减小，自腐蚀电流密度增大。极化电阻代表腐蚀反应的阻力，极化电阻越大，腐蚀反应的阻力越大。自腐蚀电流密度代表腐蚀速率，电流密度越大，腐蚀速率越大。氧含量升高，促进了阴极反应进行，阴极反应阻力减小，阳极金属溶解加速，自腐蚀电流密度增大即腐蚀速率增大。

5 生产系统 $CO_2+H_2S+O_2$ 腐蚀行为

火驱产出气体中具有腐蚀性的组分主要有原油燃烧产生的 CO_2，注入空气未完全反应残余的 O_2，还有某些地层矿物、原油及原油与水中硫酸盐组分在高温下反应产生的一定量 H_2S。例如曙光杜 66 区块火驱尾气中含有 100～600mg/m^3 的 H_2S，新疆油田红浅火驱产出气体中的 H_2S 浓度范围在 200～1500mg/m^3。如第 4 章所述，由于火驱尾气中常含有较高浓度的 CO_2，一定量的 O_2，因此会形成 CO_2+H_2S 或 $CO_2+H_2S+O_2$ 腐蚀环境。H_2S 参与腐蚀过程时对生产系统的设备会造成不同程度的影响。目前对于 CO_2+H_2S 腐蚀已经有一定的研究，但对 $CO_2+H_2S+O_2$ 腐蚀情况研究得非常少，加强这方面的研究对于火驱采油系统安全非常重要。

5.1 地面集输材质 CO_2、H_2S、O_2 腐蚀行为

根据火驱采油系统腐蚀环境，运用高温高压室内模拟腐蚀实验，研究典型地面集输材质的 CO_2+H_2S 和 $CO_2+H_2S+O_2$ 腐蚀行为，评价其抗均匀腐蚀、局部腐蚀的性能，通过综合分析，给出适合火驱采油环境要求的油气集输管线材质的选材建议，在此基础上揭示 O_2 对 $CO_2+H_2S+O_2$ 腐蚀的影响机制。

按常用的地面集输管线材质选择 20G、245S、L360S 和 2205 四种材料，其化学组成见表 5.1。

表 5.1 化学成分分析结果

材质	元素质量分数 /%								
	C	Si	Mn	P	S	Ni	Cr	Mo	N
245S	0.12	0.25	1.09	0.015	0.005	0.05	0.10	0.08	—
L360S	0.15	0.37	1.28	0.01	0.005	0.01	0.01	0.005	—
2205	0.016	0.56	1.27	0.022	0.0005	4.98	22.58	2.93	0.17
20G	0.17	0.22	0.41	0.015	0.008	0.01	0.03	0.003	—

地面集输管线的实验室腐蚀工况条件见表 5.2。所有试样均为 ϕ72mm 的 1/6 圆环或尺寸为 15mm × 3mm × 50mm 的片状。实验前，将试样分别用 400 号、600 号、1000 号砂纸逐级打磨以消除机加工的刀痕，然后将试样清洗、除油、冷风吹干后测量尺寸并称重。最后，将试样相互绝缘安装在特制的试验架上，放入高压釜内的腐蚀介质中。腐蚀水质成分见表 4.1。

表 5.2 实验条件

工况	$CO_2+H_2S+O_2$	CO_2+H_2S
温度 /℃	50	
H_2S 分压 /MPa	0.009	
CO_2 分压 /MPa	0.42	
O_2 分压 /MPa	0.03	—
总压 /MPa	3	
实验时间 /h	168	
流速 /（m/s）	2	

实验前，先通入高纯氮 10h 除氧，通入 $CO_2+O_2+H_2S$ 混合气体或者 CO_2+H_2S 混合气体（具体分压和总压见表 5.2，采出水模拟成分见表 4.1），样品实验和分析方法与第 4.1 节中相同。实验结束后将试样表面用蒸馏水冲洗去除腐蚀介质、无水酒精除水后烘干待用。

5.1.1 地面集输材质的 CO_2+H_2S 腐蚀行为

在 50℃，CO_2 分压 0.42MPa，H_2S 分压 0.009MPa 及水环境中经 168h 腐蚀后，20G、245S、L360S 和 2205 四种材质试样表面形貌如图 5.1 所示。2205 双相不锈钢试样表面光滑，打磨痕迹尚在，可见金属光泽，而 20G、L360S 和 245S 三种材料的试样均发生了不同程度的腐蚀，表面可见黄色或红褐色腐蚀产物覆盖。

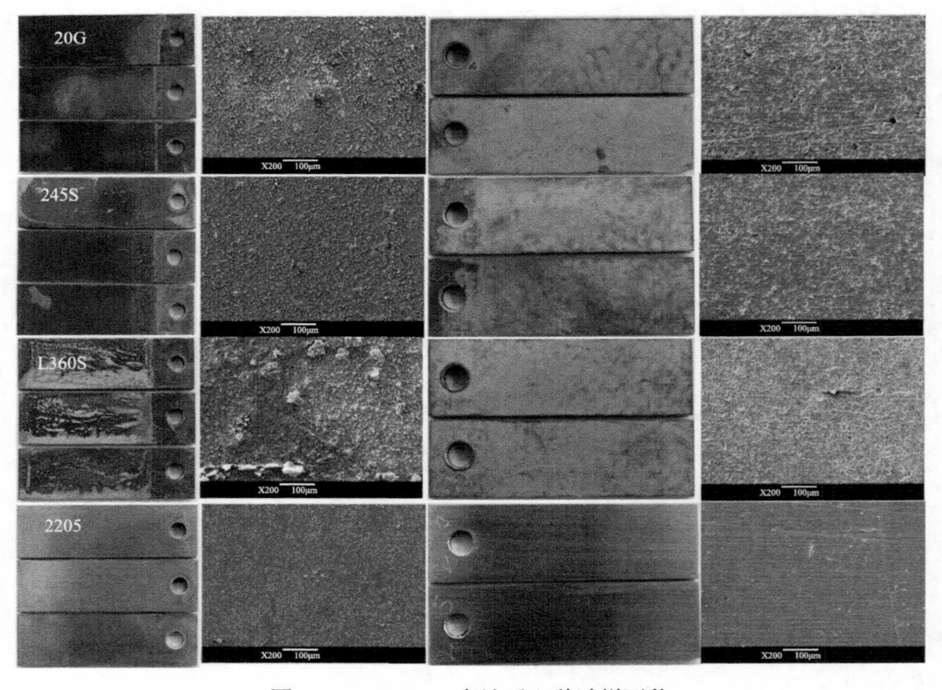

图 5.1 CO_2+H_2S 腐蚀后四种试样形貌

腐蚀结果分析见表 5.3。20G、245S 试样表面的腐蚀产物形貌类似，呈密集颗粒状分布，无明显微裂纹。L360S 试样表面腐蚀产物较多，且有龟裂和片状剥落。2205 试样表面腐蚀产物同样呈密集颗粒状分布，但颗粒更细小，且无明显微裂纹。物相分析发现，20G、L360 和 245S 试样表面的腐蚀产物主要为 $FeCO_3$，2205 试样表面产物中 Fe、Cr、C、O 含量相对较高，但产物较少难以分析物相。

表 5.3　四种试样 CO_2+H_2S 腐蚀结果

项目	材质腐蚀结果			
	20G	245S	L360S	2205
腐蚀形貌	黄色或红褐色腐蚀产物覆盖，密集颗粒状分布，无明显微裂纹	黄色或红褐色腐蚀产物覆盖，密集颗粒状分布，无明显微裂纹	黄色或红褐色腐蚀产物覆盖，龟裂和片状剥落	光滑，可见金属光泽，密集颗粒状分布
腐蚀特征	局部腐蚀	局部腐蚀	局部腐蚀	未见点蚀痕迹
腐蚀产物	$FeCO_3$	$FeCO_3$	$FeCO_3$	Fe、Cr、C、O 含量相对较高
腐蚀速率 /（mm/a）	0.3128	0.2607	0.3650	—

腐蚀产物清洗后发现 20G、L360S 和 245S 三种材料的试样有较为明显的局部腐蚀，而 2205 双相不锈钢试样表面几乎未见点蚀痕迹。

5.1.2　地面集输材质的 $CO_2+H_2S+O_2$ 腐蚀行为

在 50℃，CO_2 分压 0.42MPa，O_2 分压 0.03MPa，H_2S 分压 0.009MPa 及水环境中，经 168h 腐蚀后，20G、245S、L360S 和 2205 四种材质试样表面形貌如图 5.2 所示。腐蚀结果分析见表 5.4。2205 双相不锈钢试样表面光滑、打磨痕迹尚在，可见金属光泽；而其他三种材料的试样表面可见不同程度黄色或红褐色腐蚀产物覆盖，其中 20G、245S 试样表面腐蚀产物较多，而 L360S 试样表面腐蚀产物相对较少。对腐蚀产物进行显微组织观察，可见 20G、L360 和 245S 三种材料的试样表面均覆盖一层腐蚀产物，局部区域出现直径不等的腐蚀产物呈疏松状堆积，且有龟裂或局部剥落发生；2205 双相不锈钢试样表面腐蚀产物呈颗粒状零星分布。物相分析发现试样表面的腐蚀产物主要为铁的氧化物。

表 5.4　四种试样 $CO_2+H_2S+O_2$ 腐蚀结果

项目	材质腐蚀结果			
	20G	245S	L360S	2205
腐蚀形貌	黄色或红褐色腐蚀产物覆盖	黄色或红褐色腐蚀产物覆盖	黄色或红褐色腐蚀产物覆盖，腐蚀产物致密	光滑，可见金属光泽，密集颗粒状分布
腐蚀特征	局部腐蚀	局部腐蚀	局部腐蚀	未见点蚀痕迹
腐蚀速率 /（mm/a）	0.4954	0.3911	0.3650	—

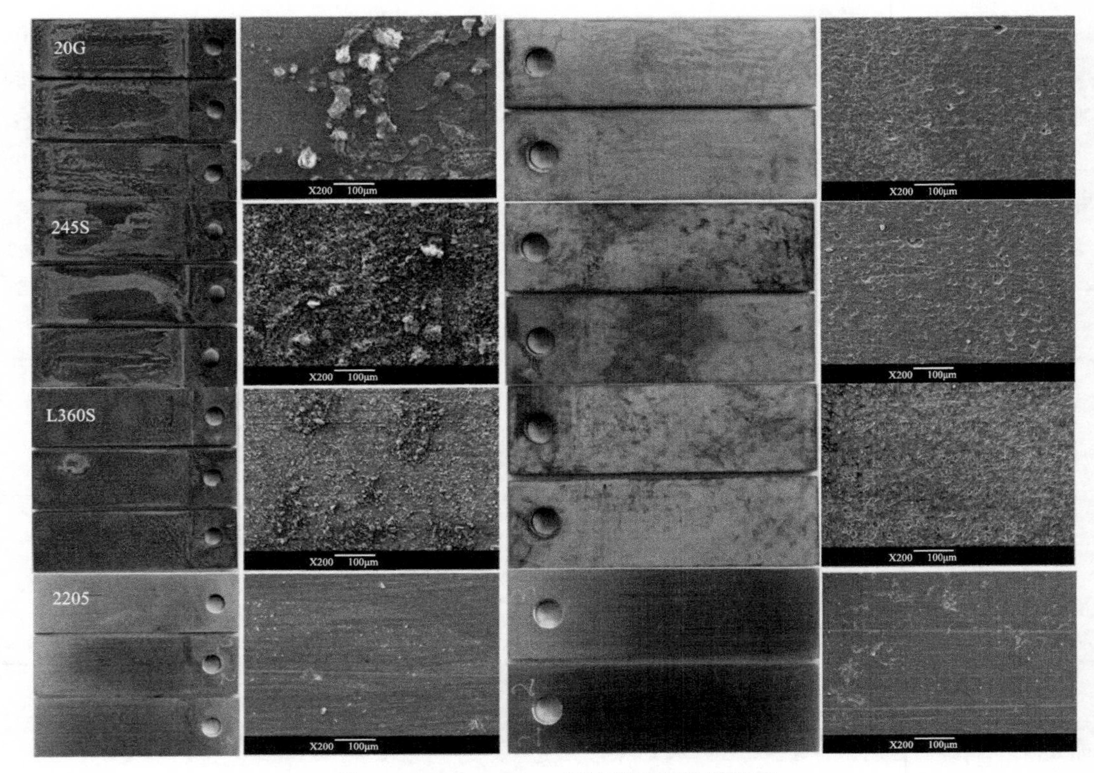

图 5.2 $CO_2+H_2S+O_2$ 腐蚀后四种试样形貌

腐蚀产物清洗后发现，2205 双相不锈钢表面可见金属光泽，几乎未见点蚀痕迹，而 20G、L360 和 245S 三种材料的试样表面已经出现较为明显的局部腐蚀。

5.1.3 地面集输材质 CO_2+H_2S 和 $CO_2+H_2S+O_2$ 腐蚀行为对比

图 5.3 为集输管线材质 20G、245S、L360S 和 2205 双相不锈钢在 CO_2+H_2S 和 $CO_2+H_2S+O_2$ 环境中的均匀腐蚀速率对比。在相同腐蚀条件下，20G、245S、L360S 腐蚀速率相差不大（均低于 0.2mm/a）；在两种腐蚀条件下，低碳钢集输管线材质 20G、245S、L360S 的腐蚀速率远高于 2205 双相不锈钢（两个数量级以上），2205 双相不锈钢具有极其优良的抗 CO_2+H_2S 和 $CO_2+H_2S+O_2$ 腐蚀性能。四种管线材质的 $CO_2+H_2S+O_2$ 腐蚀速率均高于 CO_2+H_2S 腐蚀速率，原因在于溶解氧的存在促进了阴极还原速度，加快了金属腐蚀速度。

对于 2205 双相不锈钢来讲，其在两种条件下均未发生点蚀，具有良好的抗 CO_2+H_2S 和 $CO_2+H_2S+O_2$ 局部腐蚀性能。但是，20G、245S、L360S 三种低碳钢集输管线材质在 CO_2+H_2S 和 $CO_2+H_2S+O_2$ 腐蚀条件下均出现不同程度的局部腐蚀，溶解氧促进了低碳钢局部腐蚀发生的严重程度，其局部腐蚀速率明显高于在 CO_2+H_2S 环境中的局部腐蚀速率（图 5.4），如 20G 的局部腐蚀速率高达 0.4954mm/a。

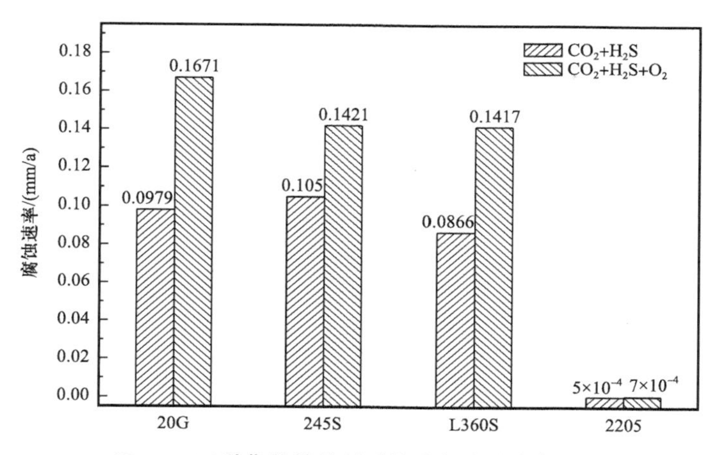

图 5.3　四种集输管线材质的均匀腐蚀速率对比

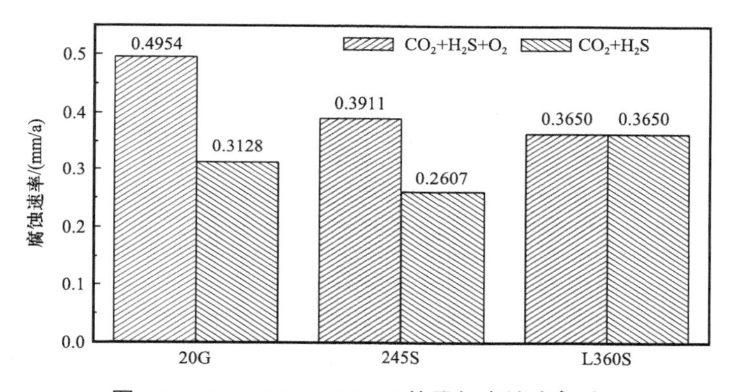

图 5.4　20G、245S、L360S 的局部腐蚀速率对比

5.1.4　地面集输材质的 $CO_2+H_2S+O_2$ 腐蚀机理

CO_2、H_2S、O_2 是油气田金属材料腐蚀的阴极去极化剂，如图 5.5 所示。在 CO_2、H_2S、O_2 共存腐蚀条件下，CO_2、H_2S 溶于水后生成的 H_2CO_3、H_2S 及其发生电离生成的 HCO_3^-、HS^-、H^+ 都可以作为析氢腐蚀的去极化剂促进金属的腐蚀；而溶解氧的存在，在酸性条件下将极大加速阴极的去极化过程，阴极反应加速（反应式见 1.2.1 节），作为阳极反应的金属溶解加速，腐蚀加剧。因此，一般情况下，$CO_2+H_2S+O_2$ 腐蚀速率要明显高于 CO_2、H_2S 及 CO_2+H_2S 共存条件下的腐蚀速率。

如前所述，地面集输材质在 CO_2+H_2S 中腐蚀产物主要为 $FeCO_3$，说明 CO_2 主导腐蚀过程。然而，地面集输材质在 $CO_2+H_2S+O_2$ 中腐蚀产物主要为铁的氧化物，此外由于 O_2 分压（0.03MPa）远高于 H_2S 分压（0.009MPa），腐蚀产物中未发现硫化物，因此 $CO_2+H_2S+O_2$ 腐蚀过程中 O_2 是主导因素，相关反应式见 1.3.3 节。低温下氧腐蚀产物难以形成致密的氧化膜，相比之下其在 CO_2+H_2S 中易形成致密的 $FeCO_3$ 膜，因此地面集输材质在 $CO_2+H_2S+O_2$ 中的腐蚀速率高于在 CO_2+H_2S 中的腐蚀速率。对 2205 双相不锈钢材料来说，O_2 在一定程度上，可以促进试样表面生成 Cr_2O_3 形成钝化，增强钝化膜的致密性和完整性，降低腐蚀速率。因此，在 $CO_2+H_2S+O_2$ 腐蚀条件下，O_2 存在与否对 2205 双相不锈钢的腐蚀速率影响不大。

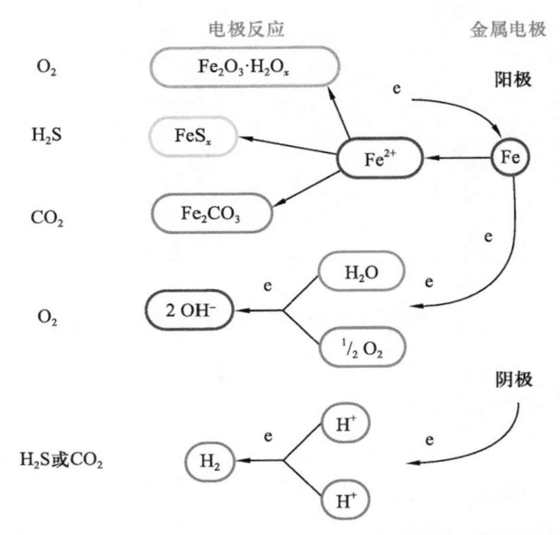

图 5.5　金属 CO_2、H_2S、O_2 去极化腐蚀的电极反应

5.2　井口材质 $CO_2+H_2S+O_2$ 腐蚀行为

根据火驱采油注气系统腐蚀环境，运用高温高压室内模拟腐蚀实验，评价井口材质的抗 CO_2+H_2S 腐蚀和抗 $CO_2+H_2S+O_2$ 的均匀腐蚀、局部腐蚀性能，通过综合分析选出适合火驱采油环境要求的井口材质。

井口材质选择 35CrMo 和 2Cr13 两种材料，其化学组成见表 3.1，实验室腐蚀工况条件见表 5.5，具体实验方法与 5.1 节相同。

表 5.5　实验条件

工况	$H_2S+CO_2+O_2$	H_2S+CO_2
温度 /℃	50/100	
H_2S 分压 /MPa	0.009	
CO_2 分压 /MPa	0.42	
O_2 分压 /MPa	0.03	—
总压 /MPa	3	
地层水 /（mg/L）	见表 4.1	
实验时间 /h	168	
流速 /（m/s）	2	

5.2.1 井口材质的 CO_2+H_2S 腐蚀行为

不同温度条件下 CO_2+H_2S 腐蚀后两种井口材质的形貌如图 5.6 和图 5.7 所示。2Cr13 试样在 50℃和 100℃腐蚀后表面仍可见金属光泽。35CrMo 试样在 50℃和 100℃腐蚀后表面都覆盖一层较厚黑色腐蚀产物，局部有黄褐色腐蚀产物。对 100℃腐蚀后产物进行显微观察，可见 35CrMo 和 2Cr13 表面产物都呈颗粒状分布，物相分析表明 35CrMo 表面腐蚀产物为 $FeCO_3$ 和少量 FeS，而 2Cr13 仅有 $FeCO_3$ 生成。清除腐蚀产物后发现 35CrMo 试样表面局部腐蚀严重，局部腐蚀速率为 1.1992mm/a，依据 NACE SP 0775—2013 标准所列分类，为极严重腐蚀，而 2Cr13 试样表面无明显点蚀发生。

图 5.6 50℃下 2Cr13 和 35CrMo 材质 CO_2+H_2S 腐蚀后表面形貌

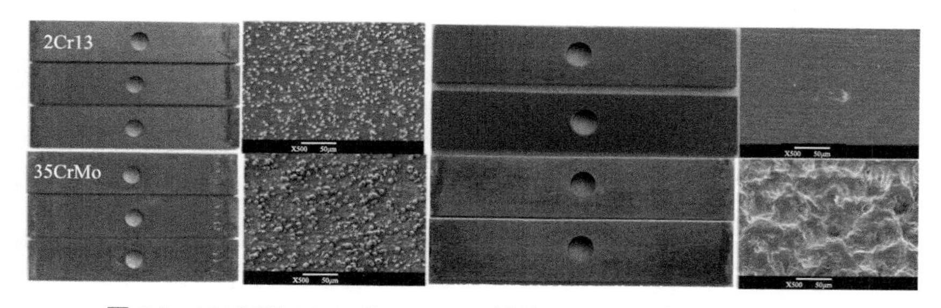

图 5.7 100℃下 2Cr13 和 35CrMo 材质 CO_2+H_2S 腐蚀后表面形貌

5.2.2 井口材质的 $CO_2+H_2S+O_2$ 腐蚀行为

不同温度条件下 $CO_2+H_2S+O_2$ 腐蚀后两种井口材质的形貌如图 5.8 和图 5.9 所示。2Cr13 试样 50℃和 100℃时腐蚀形貌相似，除了两边缘，表面大部分区域光滑，打磨痕迹尚在，可见金属光泽。腐蚀产物均匀致密，有少量分布的小于 3μm 的点蚀坑。腐蚀产物较少，主要由 Fe、Cr、C、O 组成，腐蚀产物主要为 $FeCO_3$。

35CrMo 试样 50℃腐蚀后底层呈黑灰色，表层大量分布砖红色腐蚀产物；100℃腐蚀后样品整体呈红褐色，腐蚀严重，边缘有明显变形。100℃腐蚀产物为疏松多孔状，去除腐蚀产物后基体表面点蚀坑连成一片，呈现以均匀腐蚀为主的特征；腐蚀产物主要为 $FeCO_3$ 和 Fe_2O_3，还有少量的 FeS。

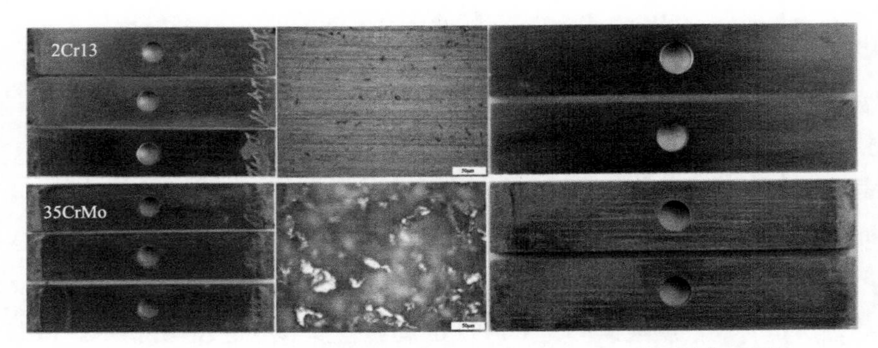

图 5.8　50℃下 2Cr13 和 35CrMo 材质 $CO_2+H_2S+O_2$ 腐蚀后表面形貌

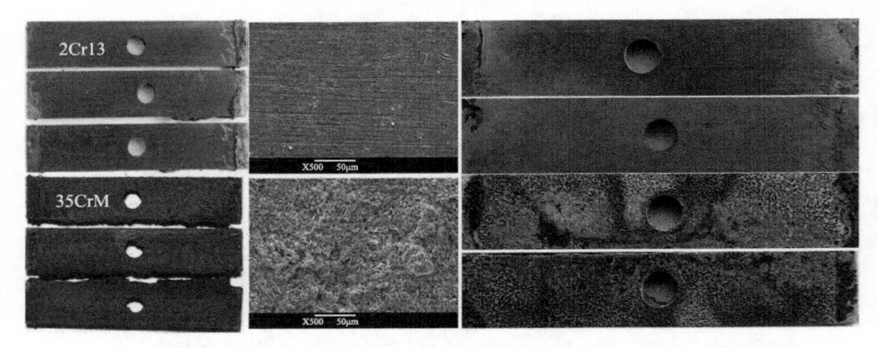

图 5.9　100℃下 2Cr13 和 35CrMo 材质 $CO_2+H_2S+O_2$ 腐蚀后表面形貌

5.2.3　井口材质 CO_2+H_2S 和 $CO_2+H_2S+O_2$ 腐蚀行为对比

表 5.6 和图 5.10 为不同温度下井口装置材质 35CrMo、2Cr13 在 CO_2+H_2S 和 $CO_2+H_2S+O_2$ 条件下的均匀腐蚀速率对比。两种腐蚀条件下，2Cr13 在不同温度的均匀腐蚀速率一般在油田可接受的范围以内（100℃时的 $CO_2+H_2S+O_2$ 均匀腐蚀速率稍高）；对 35CrMo 来说，溶解氧的影响尤为明显，100℃的腐蚀速率高达 2.9486mm/a，比一般油气田可以接受的均匀腐蚀速率判据 0.2mm/a 大一个数量级以上，所以在制造及使用过程中必须采取表面耐蚀性强化处理。

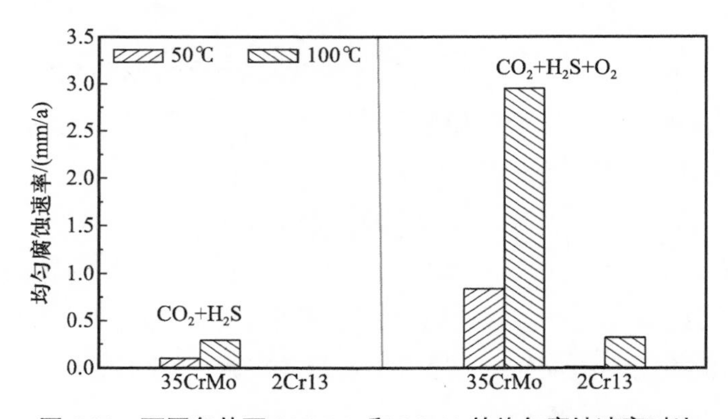

图 5.10　不同条件下 35CrMo 和 2Cr13 的均匀腐蚀速率对比

表 5.6 不同条件下 35CrMo、2Cr13 的腐蚀行为

项目		35CrMo		2Cr13	
		H_2S+CO_2	$H_2S+CO_2+O_2$	H_2S+CO_2	$H_2S+CO_2+O_2$
50℃和 100℃腐蚀形貌		覆盖较厚一层黑色腐蚀产物	50℃呈黑灰色，表层大量分布砖红色腐蚀产物；100℃腐蚀后样品整体呈红褐色，腐蚀严重	可见金属光泽	大部分区域光滑，可见金属光泽
微观形貌		颗粒状分布		颗粒状分布	
100℃腐蚀产物		$FeCO_3$ 和少量 FeS	$FeCO_3$ 和 Fe_2O_3，少量的 FeS	$FeCO_3$	$FeCO_3$
局部腐蚀		局部腐蚀严重速率为 1.1992mm/a		无明显点蚀	
均匀腐蚀速率 /（mm/a）	50℃	0.1019	0.8369	0.0015	0.0097
	100℃	0.2918	2.9486	0.0027	0.3240

环境中含 O_2 时，溶解氧的存在促进了 35CrMo 和 2Cr13 的腐蚀，其数值明显高于 CO_2+H_2S 腐蚀速率，50℃时腐蚀速率增加 6.5～8.3 倍，而在 100℃下腐蚀速率的增加更为明显，达 10～120 倍。这与国内外大量研究结果是一致的[56]，在 90～110℃之间碳钢腐蚀产物膜的保护性最差。

表 5.7 为不同条件下 35CrMo 和 2Cr13 的点蚀速率表。35CrMo 在无氧条件下有少量的点蚀坑，最大深度为 30μm，点蚀速率为 1.5642mm/a；在 $CO_2+H_2S+O_2$ 条件下，2Cr13 在 50℃条件下，具有良好的抗点蚀性能，但温度升高抗点蚀性能下降；在 $CO_2+H_2S+O_2$ 腐蚀条件下（100℃），最大点蚀坑深度为 80μm，点蚀速率高达 4.1714mm/a。2Cr13 属于马氏体不锈钢，研究表明 H_2S 的存在不仅可以导致其发生硫化氢应力腐蚀，点蚀现象也十分严重，这也是马氏体不锈钢材质主要用于 CO_2+Cl^- 腐蚀控制，而在含 H_2S 油气井的应用受到一定限制的主要原因（仅用于微含 H_2S 腐蚀环境）。

表 5.7 不同条件下 35CrMo 和 2Cr13 的点蚀速率汇总表

材料	实验温度 /℃	实验条件	点蚀速率 /（mm/a）
35CrMo	50	$CO_2+H_2S+O_2$	—
		CO_2+H_2S	1.5642
	100	$CO_2+H_2S+O_2$	—
		CO_2+H_2S	1.1992
2Cr13	50	$CO_2+H_2S+O_2$	—
		CO_2+H_2S	—
	100	$CO_2+H_2S+O_2$	4.1714
		CO_2+H_2S	—

50 ℃ 时在 CO_2+H_2S 和 $CO_2+H_2S+O_2$ 环境中，2Cr13 腐蚀行为与第 5.1 节中 20G、245S、L360S 和 2205 四种集输管线材质在相同条件下的腐蚀形貌相似。但是当温度升高到 100℃时，CO_2+H_2S 和 $CO_2+H_2S+O_2$ 氛围下 35CrMo 表面的腐蚀产物中增加了硫化物 FeS，而 2Cr13 表面则没有。这说明，温度从 50℃升高至 100℃时，H_2S 在腐蚀中的作用不同，这应该与 Smith 等[56]提出的温度和 H_2S 活度对 CO_2+H_2S 腐蚀产物稳定性有关。如图 5.11 所示，在 H_2S 分压不变的情况下，温度变化可影响 FeS 的生成。

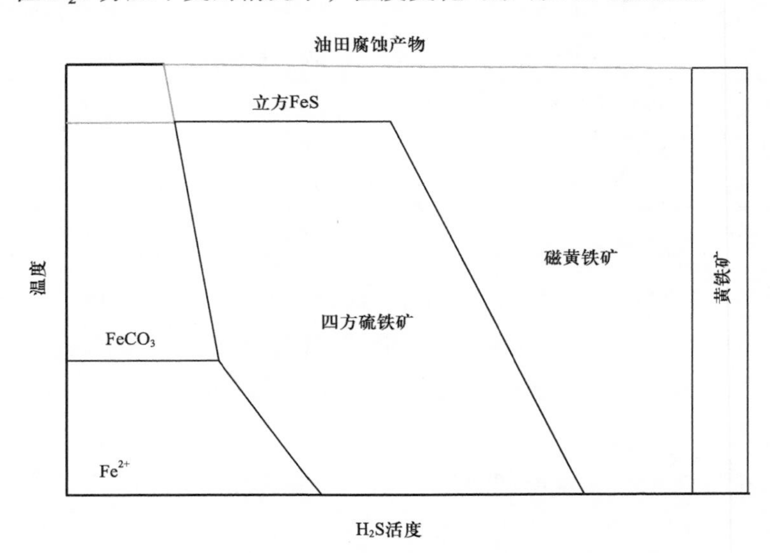

图 5.11 温度和 H_2S 活度对 CO_2+H_2S 腐蚀产物的影响

5.3 油套管材质 $CO_2+H_2S+O_2$ 腐蚀行为

根据火驱采油腐蚀环境，运用高温高压室内模拟腐蚀实验，评价油套管材质的抗 CO_2+H_2S 腐蚀、含砂条件下的 CO_2+H_2S 腐蚀和 $CO_2+H_2S+O_2$ 腐蚀的特征及差异性，通过综合分析选出适合火驱采油环境要求的油套管材质。

常用油套管材质及防腐材质选择 N80、90H、90H−3Cr、90H−9Cr、90H−13Cr、15Cr−125 六种材料。15Cr−125 的化学组成见表 5.8，其余材质相关信息见表 3.3。

表 5.8 15Cr−125 化学成分分析结果

材质	元素质量分数 /%							
	C	Si	Mn	P	S	Ni	Cr	Mo
15Cr−125	＜0.03	＜0.5	＜0.6	＜0.02	＜0.005	6.0～7.0	14.0～16.0	1.8～2.5

油套管材质的实验室腐蚀工况条件见表 5.9。实验方法与 5.2.1 节相同。模拟出砂量为 10g/L，砂砾粒径和含量见表 5.10。

表 5.9 实验条件

工况	$CO_2+H_2S+O_2$	CO_2+H_2S	CO_2+H_2S+ 砂
温度 /℃	100/120/180/200	50/100/120/150/180/200	50/100/120/150/180/200
H_2S 分压 /MPa	0.009		
CO_2 分压 /MPa	0.42		
O_2 分压 /MPa	0.03	—	—
总压 /MPa	3		
地层水 /（mg/L）	见表 4.1		
实验时间 /h	168		
流速 /（m/s）	2		
含砂量 /（g/L）	—	—	10（粒度参照表 5.10）

表 5.10 油田实际砂砾含量

粒级 /mm	质量分数 /%
＞0.5	0.05
＞0.355	6.1
＞0.25	15.63
＞0.18	20.63
＞0.125	20.43
＞0.09	10.66
＞0.063	4.82
＞0.054	1.17
＞0.045	1.31
＞0.03	3.42
＞0.01	8.28
＞0.0039	4.22
＞0.001	2.44
＜0.001	0.84

5.3.1 油套管材质的 CO_2+H_2S 腐蚀行为

50～200℃，N80、90H、90H−3Cr、90H−9Cr、90H−13Cr、15Cr−125 六种材质经 CO_2+H_2S 腐蚀后的形貌如图 5.12 所示。N80、90H、90H−3Cr 试样不同温度下的腐蚀形貌相似，

底层腐蚀产物呈黑色，表层小部分区域可见红褐色腐蚀产物，180℃红褐色腐蚀产物相对较少，腐蚀产物多呈疏松堆积状，易出现龟裂或脱落，以均匀腐蚀为主。90H−9Cr、90H−13Cr 和 15Cr−125 试样不同温度下的腐蚀形貌相似，50～180℃腐蚀轻微、表面产物较少，多呈黑灰色，仅可观察到少量红褐色腐蚀产物，而 200℃下整体呈轻微砖红色，总体腐蚀轻微，可观察到金属光泽和加工痕迹，局部有轻微点蚀发生。表面腐蚀产物分析显示，在此条件下试样表面的腐蚀产物主要是 FeS 或 $FeCO_3$ 等。

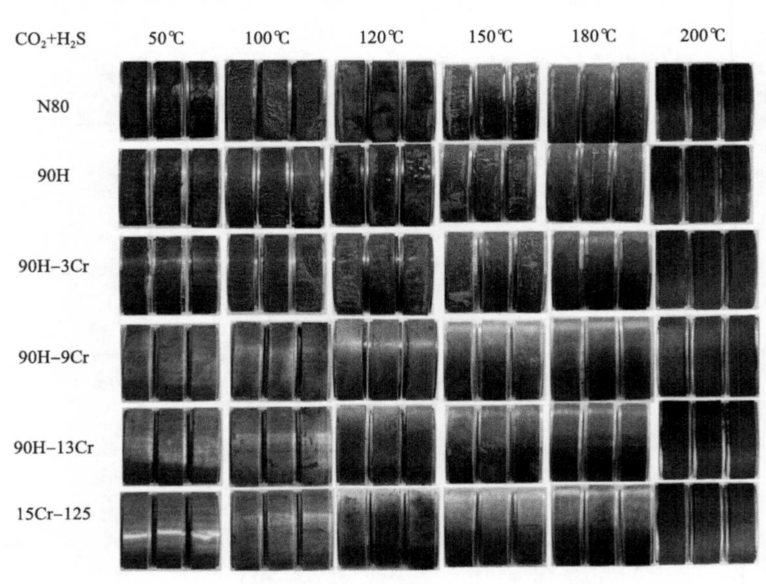

图 5.12　六种材质经不同温度 CO_2+H_2S 腐蚀后的形貌

5.3.2　油套管材质的含砂 CO_2+H_2S 腐蚀行为

N80、90H、90H−3Cr、90H−9Cr、90H−13Cr、15Cr−125 六种材质经含砂条件下 CO_2+H_2S 腐蚀后的形貌如图 5.13 所示。含砂时，腐蚀后表面黄褐色产物明显较无砂 CO_2+H_2S 腐蚀少。N80、90H 及 90−3Cr 试样表面形貌相似，腐蚀产物较厚，产物大部分呈黑色，但小部分区域还可见红褐色腐蚀产物，且随着温度升高红褐色产物减少；腐蚀产物多呈颗粒状，疏松状和龟裂状产物极少。90H−9Cr、90H−13Cr 和 15Cr−125 试样表面腐蚀轻微，仅可在腐蚀表面局部观察到少量砖红色腐蚀产物。

5.3.3　油套管材质的 CO_2+H_2S+O_2 腐蚀行为

图 5.14 所示为六种材质经 CO_2+H_2S+O_2 腐蚀后的形貌。N80、90H、90H−3Cr、90H−9Cr 试样表面腐蚀形貌相似，表面腐蚀产物较厚，底层呈黑灰色，为致密颗粒状，表层有砖红色腐蚀产物，呈疏松状堆积，有龟裂或剥落发生，但随温度升高减少。90H−13Cr 和 15Cr−125 试样表面腐蚀形貌相似，腐蚀后整体呈黑灰色，但仍可观察到金

属光泽，仅局部有微量砖红色产物。在此条件下，N80、90H 和 90−3Cr 试样的腐蚀产物主要由 $FeCO_3$、Fe_3O_4 和 FeS 等组成，而 90H−9Cr、90H−13Cr 和 15Cr−125 在该实验条件下的腐蚀产物主要由少量 FeS 和少量含 Cr 非晶化合物组成。

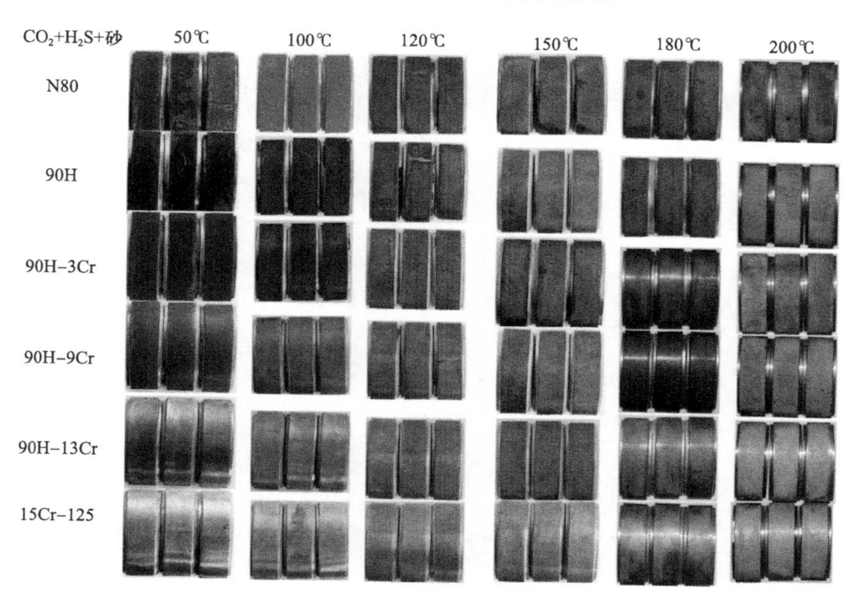

图 5.13　六种材质经不同温度 CO_2+H_2S（含砂）腐蚀后的形貌

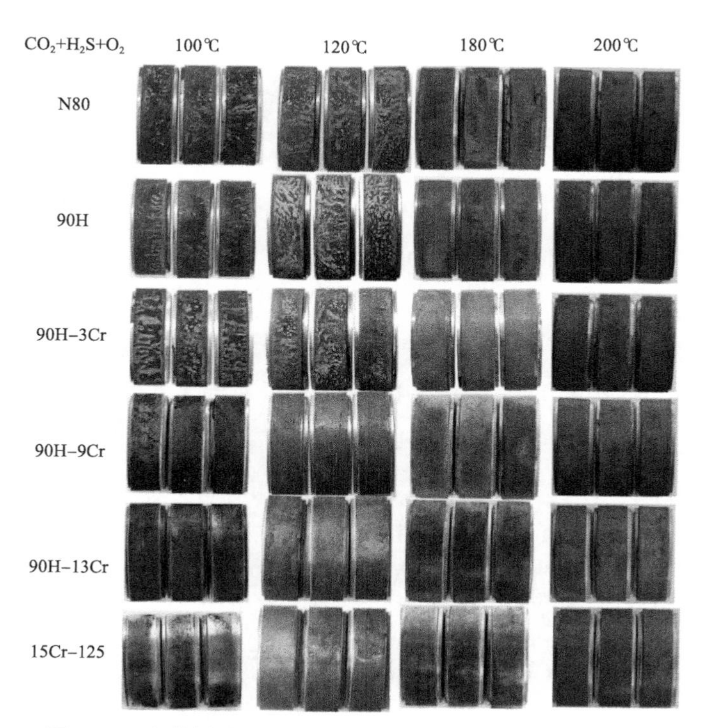

图 5.14　六种材质经不同温度 $CO_2+H_2S+O_2$ 腐蚀后的形貌

5.3.4 油套管材质 CO_2+H_2S、含砂 CO_2+H_2S 和 $CO_2+H_2S+O_2$ 腐蚀行为对比

温度对油套管用钢的腐蚀影响较为复杂。温度升高阴极和阳极电化学反应过程加速，腐蚀速率上升；但温度较高时，当铁表面生成致密的腐蚀产物膜后，其腐蚀速率随温度升高而降低。前者加剧腐蚀，后者有利于降低材料的腐蚀。根据腐蚀产物膜的致密度及保护性，油套管用钢的腐蚀速率通常在不同温度点出现极值。表 5.11 为六种油套管材质在 CO_2+H_2S、含砂 CO_2+H_2S 和 $CO_2+H_2S+O_2$ 等不同氛围下的腐蚀实验评价汇总。

表 5.11 六种材质不同氛围腐蚀后的评价汇总

<table>
<tr><th rowspan="2">项目</th><th rowspan="2">腐蚀条件</th><th colspan="6">材质</th></tr>
<tr><th>N80</th><th>90</th><th>90−3C</th><th>90H−9Cr</th><th>90H−13Cr</th><th>15Cr−125</th></tr>
<tr><td rowspan="3">形貌</td><td>CO_2+H_2S</td><td colspan="3">层腐蚀产物呈黑色，表层小部分区域可见红褐色腐蚀产物</td><td colspan="3">50～180℃腐蚀轻微、表面产物较少，多呈黑灰色，仅可观察到少量红褐色腐蚀产物；而 200℃下整体呈轻微砖红色；总体腐蚀轻微，可观察到金属光泽和加工痕迹，局部有轻微点蚀发生</td></tr>
<tr><td>CO_2+H_2S+ 砂</td><td colspan="3">腐蚀产物较厚，产物大部分呈黑色，但小部分区域还可见红褐色</td><td colspan="3">表面腐蚀轻微，仅可在腐蚀表面局部观察到少量砖红色腐蚀产物</td></tr>
<tr><td>$CO_2+H_2S+O_2$</td><td colspan="3">腐蚀产物较厚，底层呈黑灰色，为致密颗粒状，表层有砖红色腐蚀产物，呈疏松状堆积，有龟裂或剥落</td><td colspan="3">整体呈黑灰色，但仍可观察到金属光泽，仅局部有微量砖红色产物</td></tr>
<tr><td rowspan="2">腐蚀产物</td><td>CO_2+H_2S</td><td colspan="3">FeS 或 $FeCO_3$</td><td colspan="3"></td></tr>
<tr><td>$CO_2+H_2S+O_2$</td><td colspan="3">$FeCO_3$、Fe_3O_4 和 FeS</td><td colspan="3">少量 FeS 和少量含 Cr 非晶化合物</td></tr>
</table>

5.3.4.1 CO_2+H_2S 腐蚀行为分析

表 5.12 为不同温度条件下 N80、90H、90H−3Cr、90H−9Cr、90H−13Cr 和 15Cr−125 六种油套管材质在 CO_2+H_2S 条件下的均匀腐蚀速率汇总表，图 5.15 为六种材质的均匀腐蚀速率对比分析。从中可以看出，碳钢及合金钢 N80、90H、90H−9Cr 的腐蚀速率在 120℃出现最大值，120℃时六种油套管用钢的腐蚀速率大小为：N80＞90H＞90H−3Cr＞90H−9Cr＞90H−13Cr＞15Cr−125。根据均匀腐蚀速率的判据 0.2mm/a，N80、90H 两种材料在 120℃时的 CO_2+H_2S 腐蚀速率偏大，在实际应用过程中需采取一定的防腐蚀措施。

对于碳钢 N80、90H 和低合金钢 90H−3Cr 来说：

（1）在温度较低时（＜100℃），随温度的升高，腐蚀产物溶解度下降，在材料表面沉积，一定程度上降低了金属的溶解反应，腐蚀速率降低；

（2）当温度升高到 120℃时，尽管 $FeCO_3$、FeS 的形成条件具备，但此时金属表面上的 $FeCO_3$、FeS 形核数目的减少及核周围结晶增长较慢和不均匀，所以在基材上生成一层疏松的、多孔、厚的腐蚀产物膜，腐蚀速率再次增大；

表 5.12　六种油套管材质在 CO_2+H_2S 条件下的均匀腐蚀速率

材质	腐蚀速率 /（mm/a）					
	50℃	100℃	120℃	150℃	180℃	200℃
N80	0.2217	0.1047	0.3395	0.0678	0.0359	0.0882
90H	0.1896	0.1761	0.2329	0.0458	0.0423	0.0676
90H−3Cr	0.2118	0.1248	0.1784	0.0333	0.0500	0.0693
90H−9Cr	0.0457	0.0474	0.0740	0.0129	0.0384	0.0464
90H−13Cr	0.0326	0.0176	0.0232	0.0096	0.0271	0.0348
15Cr−125	0.0064	0.0047	0.0143	0.0024	0.0192	0.0224

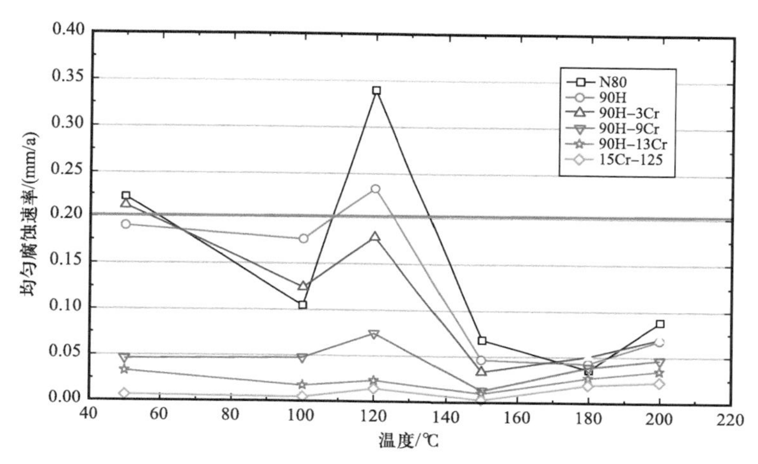

图 5.15　六种油套管材质在 CO_2+H_2S 条件下的均匀腐蚀速率对比

（3）当温度大于 120℃时，继续升高温度，溶液的 pH 值显著升高，阴极反应显著降低，金属的溶解速度下降，腐蚀速率下降；但持续升温会促进金属材料在高温下可与水发生反应，例如 Fe 在高温下与 H_2O 发生化学反应生成 Fe_3O_4，其腐蚀产物可降低 $FeCO_3$ 腐蚀产物膜的保护性，腐蚀速率有所上升。

对于高合金钢 90H−9Cr 和不锈钢 90H−13Cr 和 15Cr−125 来说：

（1）在温度较低范围内（＜100℃），随着温度升高，电极反应加速有利于维持钝化膜的致密性和完整性，腐蚀速率呈稍微降低趋势；

（2）当温度继续升高到 120℃，钝化膜的溶解加速，腐蚀速率上升。当温度升高到一定程度（温度范围受 CO_2 分压、H_2S、Cl^- 浓度、pH 值等影响），钝化膜表面活性点显著增多，在活性点位置，溶液中的 Cl^- 可与钝化膜中的阳离子生成可溶性氯化物，钝化受到破坏，发生点蚀（也可以解释为，温度升高点蚀电位下降），腐蚀速率出现极大值（例如 13Cr 或超级 13Cr 在 110～150℃易发生点蚀）；

（3）当温度继续升高，已发生的点蚀可以再钝化（二次钝化），腐蚀速率降低。

笔者在更多的研究中发现，油套管在 CO_2+H_2S 中均匀腐蚀速率随温度变化的趋势如图 5.16 所示。在温度小于 100℃的较低温度范围内，温度升高电极反应加速，有利于维持钝化膜的致密性和完整性，腐蚀速率出现极小值；在 120℃时由于钝化膜溶解加速，腐蚀速率快速增大，产生极大值；当温度大于 120℃时，继续升高温度，阴极反应降低或形成二次钝化，腐蚀速率再次降低。

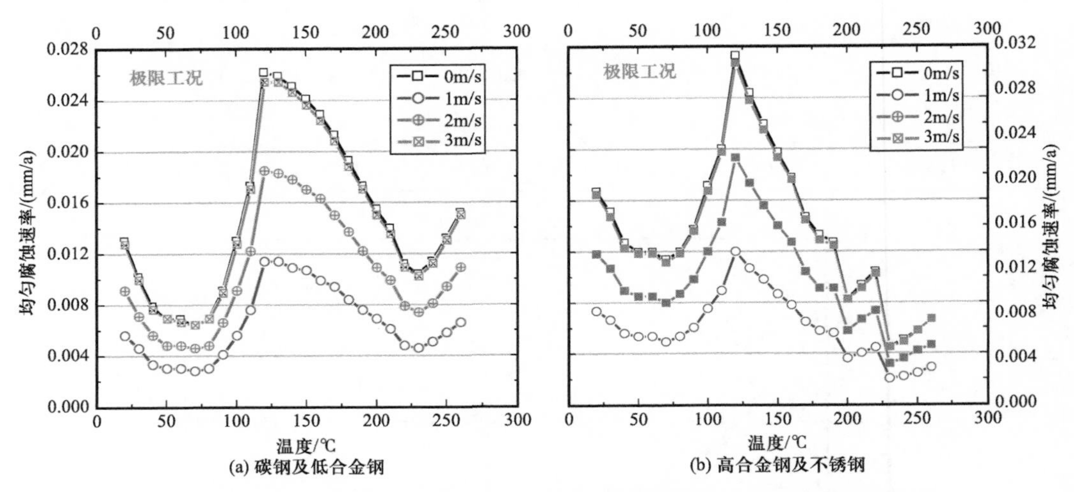

图 5.16 油套管用钢 CO_2+H_2S 均匀腐蚀速率随温度变化趋势的理论模拟

图 5.17 为 CO_2+H_2S 腐蚀条件下，六种材料在实验温度范围内的局部腐蚀对比分析，图 5.18 为 90H−3Cr、90H−9Cr 和 90H−13Cr 试样表面微观腐蚀形貌。如上所述，由于较低温度及高温条件下的腐蚀产物膜保护性较差，N80、90H、90H−3Cr 和 90H−9Cr 四种材料在 100～120℃时的局部腐蚀较为严重，但在 150～180℃，局部腐蚀轻微，超过 180℃时局部腐蚀又变得非常严重；而对于 13Cr 和 15Cr 马氏体不锈钢来说，其在所有温度范围内局部腐蚀轻微，具有良好的抗 CO_2+H_2S 局部腐蚀性能。

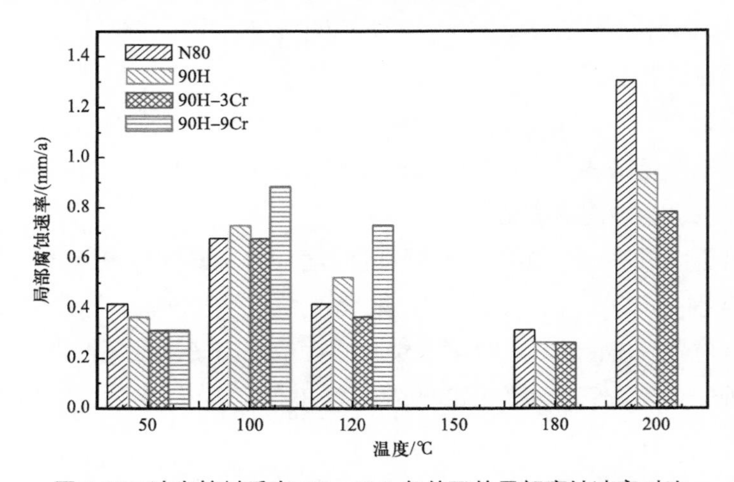

图 5.17 油套管材质在 CO_2+H_2S 条件下的局部腐蚀速率对比

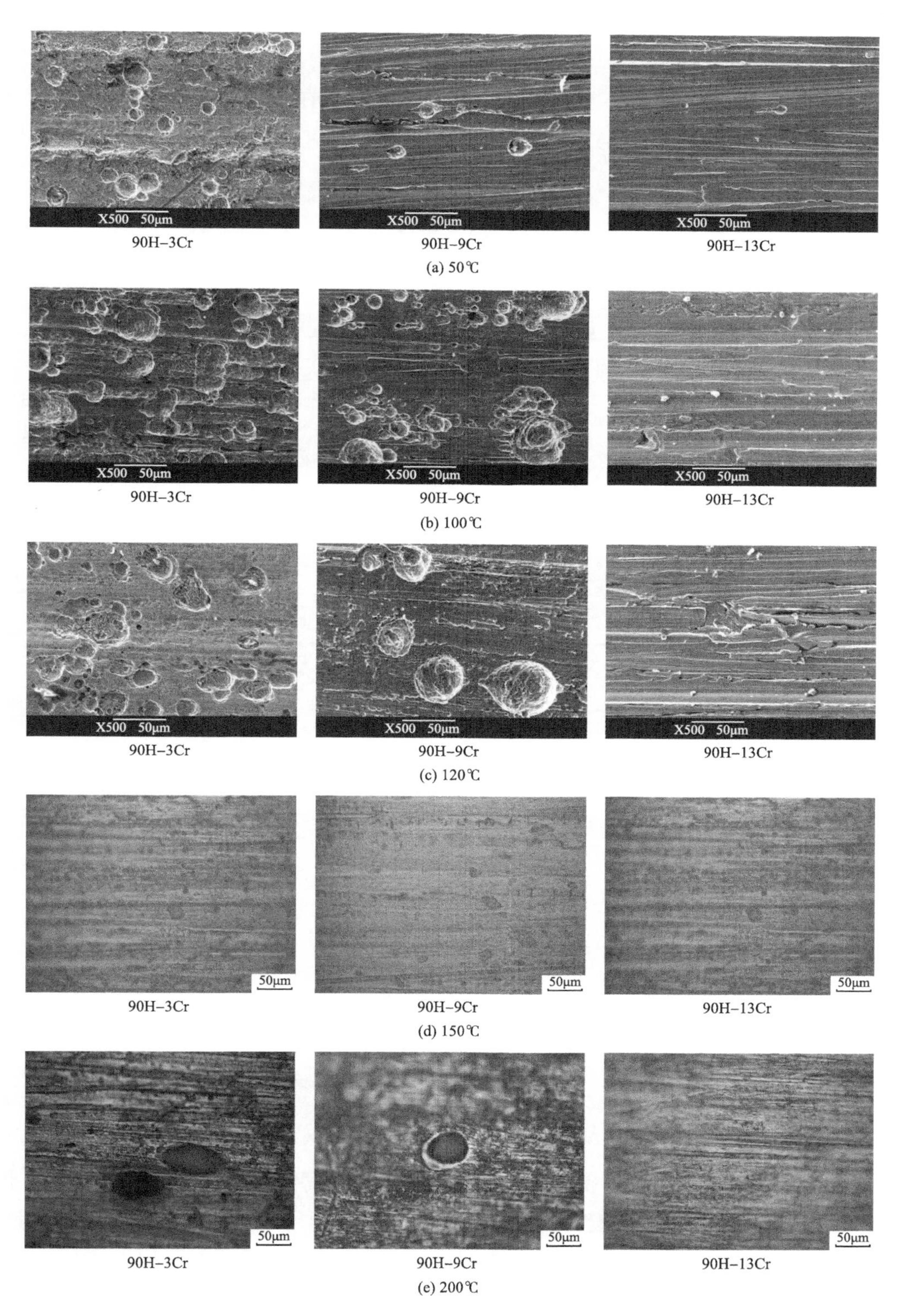

图 5.18 90H、90H-3Cr 和 90H-13Cr 试样表面微观腐蚀形貌

5.3.4.2 $CO_2+H_2S+O_2$ 腐蚀行为分析

表 5.13 为不同温度条件下 N80、90H、90H−3Cr、90H−9Cr、90H−13Cr 和 15Cr−125 六种油套管材质在 $CO_2+H_2S+O_2$ 条件下的均匀腐蚀速率汇总表，图 5.19 为六种材料均匀腐蚀速率对比分析。

表 5.13 油套管材质在 $CO_2+H_2S+O_2$ 条件下的均匀腐蚀速率

材质	腐蚀速率 / （mm/a）					
	50℃	100℃	120℃	150℃	180℃	200℃
N80	0.3371	0.1453	0.3464	0.3177	0.2251	0.1237
90H	0.2996	0.1935	0.2519	0.4552	0.2153	0.0965
90H−3Cr	0.3239	0.1414	0.1826	0.3788	0.1107	0.0736
90H−9Cr	0.0584	0.0923	0.0986	0.1580	0.0547	0.0483
90H−13Cr	0.0145	0.0181	0.0207	0.0549	0.0362	0.0391
15Cr−125	—	0.0073	0.0158	—	0.0209	0.0252

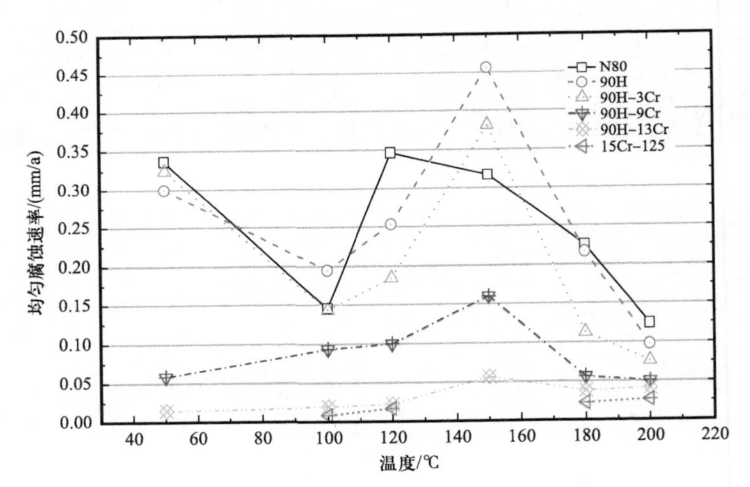

图 5.19 油套管材质在 $CO_2+H_2S+O_2$ 条件下的均匀腐蚀速率对比图

（1）在实验温度范围内，碳钢及低合金钢 N80、90H、90H−3Cr 的腐蚀速率要远高于高合金钢及马氏体不锈钢 90H−9Cr、90H−13Cr、15Cr−125，少量 Cr 元素的添加（质量分数 3%）并没有明显改善低 Cr 钢的抗 $CO_2+H_2S+O_2$ 均匀腐蚀能力。根据均匀腐蚀速率的判据 0.2mm/a，碳钢及低合金钢在 50℃、120℃及 150℃时的 $CO_2+H_2S+O_2$ 腐蚀速率偏大，而 90H−9Cr、90H−13Cr 和 15Cr−125 则具有良好的抗 $CO_2+H_2S+O_2$ 均匀腐蚀性能。

（2）在温度较低条件下（50℃），在酸性介质中 O_2 与 H^+ 的去极化作用 $O_2+4H^++4e^- \longrightarrow 2H_2O$ 较强，阳极初生腐蚀产物 Fe^{2+} 只能与溶液中的 CO_3^{2-} 离子反应生成 $FeCO_3$ 腐

蚀产物膜（在介质中当［Fe^{2+}］×［CO_3^{2-}］超过 $FeCO_3$ 的溶度积时）。由于 50℃生成的 $FeCO_3$ 腐蚀产物膜，疏松且附着力差，致密性、保护性较差，腐蚀速率较高。

（3）在温度较高条件下（120～150℃），尽管 CO_2 腐蚀可以生成细致、紧密、附着力强的 $FeCO_3$ 保护膜降低腐蚀速率，但随着温度升高（达到 150℃），$FeCO_3$ 可以与 H_2O 分子发生氧化反应生成 Fe_3O_4［式（4.7）至式（4.10）］，同时由于 pH 值升高（150℃的 pH 值为 6.45），H^+ 浓度显著下降，O_2 腐蚀越来越占主导作用，在电极表面与 H_2O 分子直接发生吸氧腐蚀，生成 Fe_3O_4，导致含 Fe_3O_4 的 $FeCO_3$ 腐蚀产物膜的保护性下降，电化学腐蚀的阴极及阳极过程加速占主导作用，均匀腐蚀速率增大。因此，与一般油套管用钢 CO_2 腐蚀规律有所不同，其最大腐蚀速率峰值对应的温度有所上升，出现在 150℃左右。

（4）温度继续升高（>150℃），油套管用钢的腐蚀产物以 Fe_3O_4 为主，这是由于在高温腐蚀条件下，腐蚀介质的 pH 值显著升高（腐蚀介质呈弱碱性），H^+ 去极化腐蚀很弱，腐蚀机制转为氧腐蚀控制，阴极主要发生 $O_2+2H_2O+4e^- \longrightarrow 4OH^-$ 的去极化腐蚀，腐蚀产物为 Fe_3O_4；与 O_2 和 H^+ 同时存在时的阴极去极化腐蚀相比，阴极反应减速，阳极溶解速度下降；同时，由于高温碱性介质中 Fe_3O_4 水化物膜的保护性较强，腐蚀速率显著降低。

图 5.20 为 N80、90H、90H−3Cr、90−9Cr、90H−13Cr 和 15Cr−125 六种油套管材质在不同温度条件下的局部腐蚀速率对比，图 5.21 为 90H、90H−3Cr 和 90H−13Cr 试样表面微观腐蚀形貌。可以看出，在 120～150℃时，尽管碳钢的腐蚀产物膜具有一定保护性，但局部腐蚀最为严重，而对于马氏体不锈钢来说，在中温条件下，更容易发生点蚀，但其点蚀坑深度较小，最大仅为 10μm。

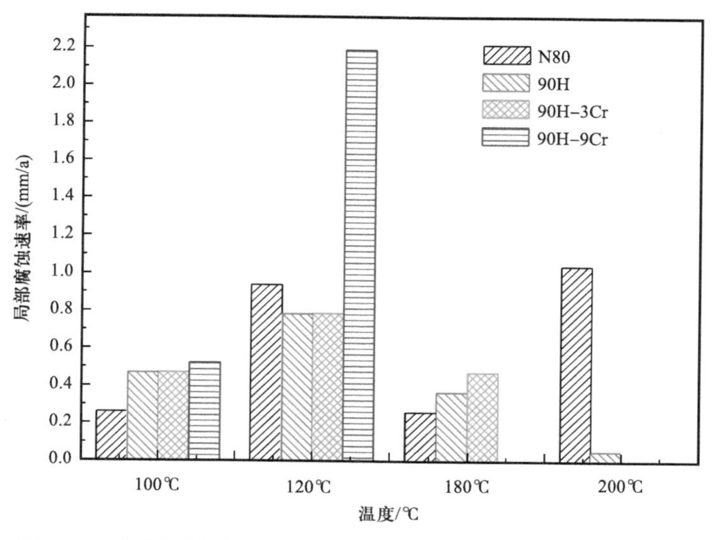

图 5.20　油套管材质在 $CO_2+H_2S+O_2$ 条件下的局部腐蚀速率对比

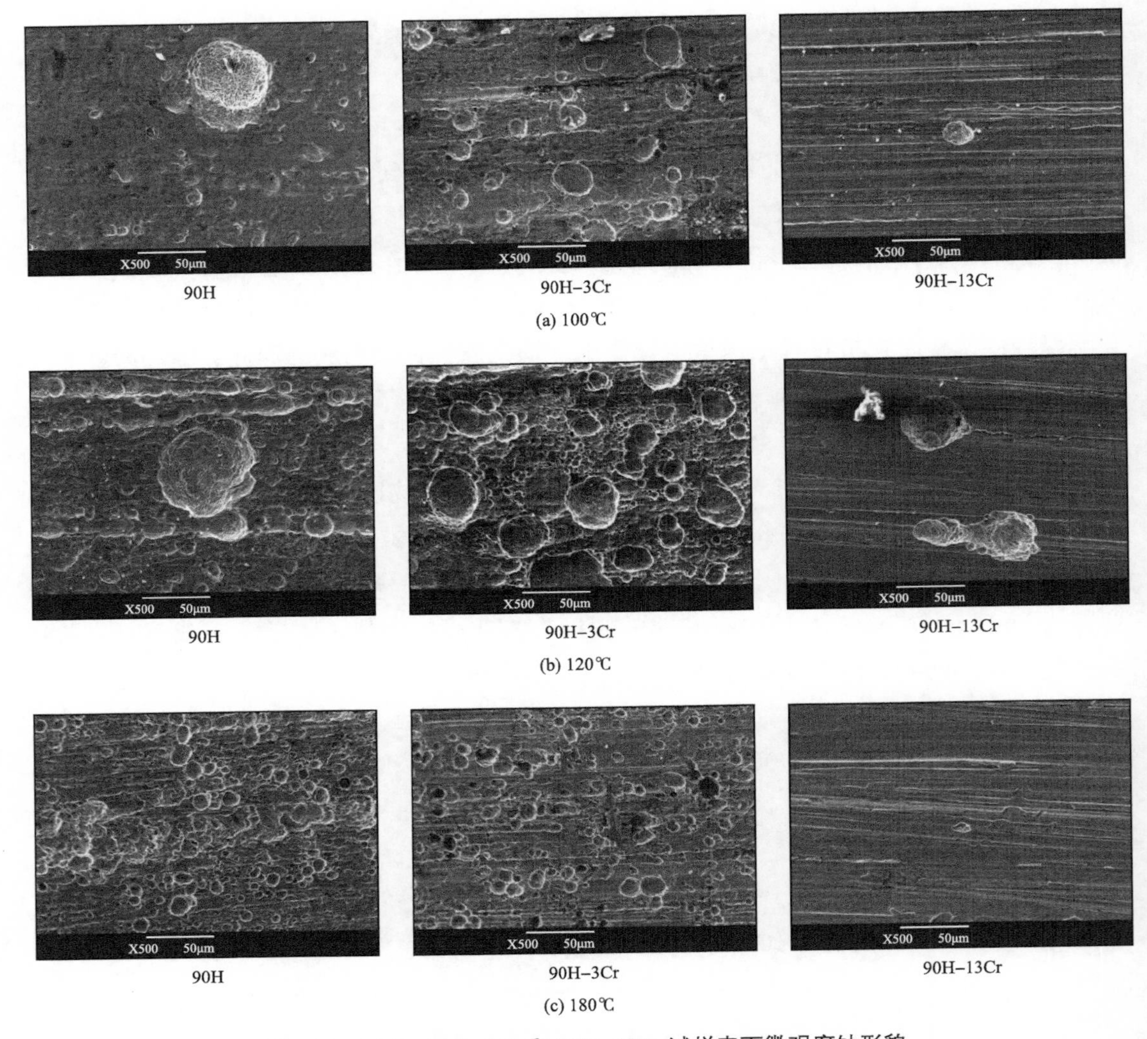

图 5.21　90H、90H-3Cr 和 90H-13Cr 试样表面微观腐蚀形貌

5.3.4.3　溶解 O_2 影响分析

O_2 在 CO_2 腐蚀的催化机制中起很大的作用。当钢铁表面未生成保护膜时，腐蚀速率随 O_2 含量的增加而增加；但如果钢铁表面形成了保护膜，则 O_2 对腐蚀速率影响很小，几乎不起什么作用。在饱和氧气溶液中，CO_2 的存在作为腐蚀催化剂会大大提高钢铁的腐蚀速率。

表 5.14 为不同温度条件下，六种油套管材料在 CO_2+H_2S 和 CO_2+H_2S+O_2 条件下的均匀腐蚀速率汇总，图 5.22 及图 5.23 分别为六种材料在 120℃（CO_2+H_2S）和 150℃（CO_2+H_2S+O_2）的腐蚀速率对比分析。如前所述，溶解氧的存在不仅增大了油套管用钢的腐蚀速率，同时也使其最大腐蚀速率峰值对应的温度有所上升。

表 5.14 六种油套管材料在 CO_2+H_2S 和 $CO_2+H_2S+O_2$ 条件下的均匀腐蚀速率

材质及腐蚀条件		腐蚀速率 / (mm/a)					
		50℃	100℃	120℃	150℃	180℃	200℃
N80	CO_2+H_2S	0.2217	0.1047	0.3395	0.0678	0.0359	0.0882
	$CO_2+H_2S+O_2$	0.3371	0.1453	0.3464	0.3177	0.2251	0.1237
90H	CO_2+H_2S	0.1896	0.1761	0.2329	0.0458	0.0423	0.0676
	$CO_2+H_2S+O_2$	0.2996	0.1935	0.2519	0.4552	0.2153	0.0965
90H−3Cr	CO_2+H_2S	0.2118	0.1248	0.1784	0.0333	0.0500	0.0693
	$CO_2+H_2S+O_2$	0.3239	0.1414	0.1826	0.3788	0.1107	0.0736
90H−9Cr	CO_2+H_2S	0.0457	0.0474	0.0740	0.0129	0.0384	0.0464
	$CO_2+H_2S+O_2$	0.0584	0.0923	0.0986	0.1580	0.0547	0.0483
90H−13Cr	CO_2+H_2S	0.0326	0.0176	0.0232	0.0096	0.0271	0.0348
	$CO_2+H_2S+O_2$	0.0145	0.0181	0.0207	0.0549	0.0362	0.0391
15Cr−125	CO_2+H_2S	0.0064	0.0047	0.0143	0.0024	0.0192	0.0224
	$CO_2+H_2S+O_2$	—	0.0073	0.0158	—	0.0209	0.0252

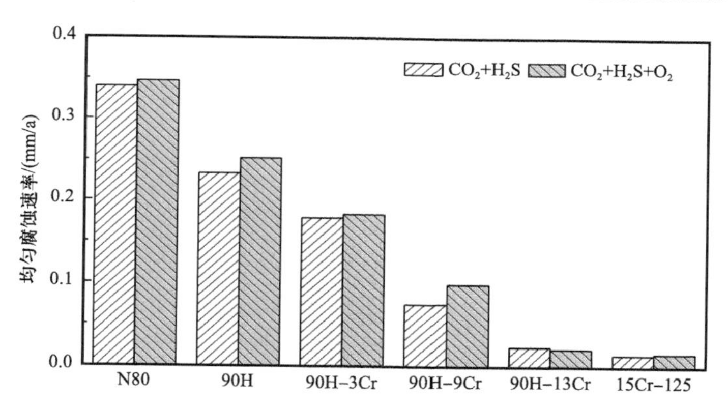

图 5.22 120℃时六种油套管用钢在 CO_2+H_2S 和 $CO_2+H_2S+O_2$ 条件下均匀腐蚀速率对比分析

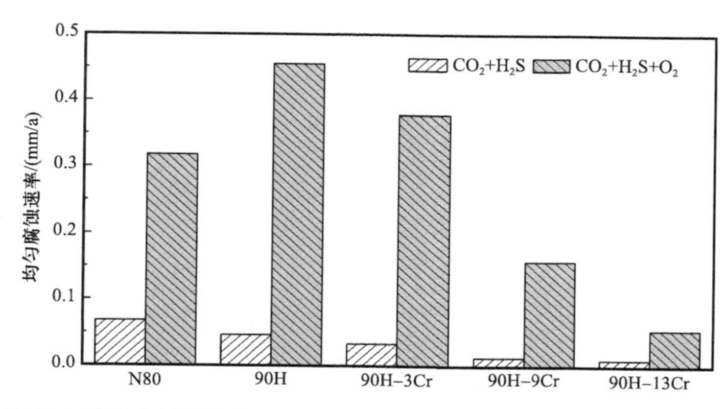

图 5.23 150℃时六种油套管用钢在 CO_2+H_2S 和 $CO_2+H_2S+O_2$ 条件下均匀腐蚀速率对比分析

5.3.4.4 含砂影响分析

表 5.15 为六种油套管材料在 CO_2+H_2S 和 CO_2+H_2S（含砂）条件下的均匀腐蚀速率汇总，图 5.24 为温度对六种材料在含砂 CO_2+H_2S 条件下的均匀腐蚀速率影响。可以看出，温度对六种材料均匀腐蚀速率的影响同其在 CO_2+H_2S 条件下一致，N80、90H、90H−3Cr、90H−9Cr 最大腐蚀速率峰值对应的温度为 120℃。

表 5.15 六种油套管材料在 CO_2+H_2S 和 CO_2+H_2S（含砂）条件下的均匀腐蚀速率

材质及腐蚀条件		腐蚀速率 /（mm/a）					
		50℃	100℃	120℃	150℃	180℃	200℃
N80	CO_2+H_2S	0.2217	0.1047	0.3395	0.0678	0.0359	0.0882
	CO_2+H_2S（砂）	0.2341	0.1866	0.2529	0.0709	0.0427	0.1372
90H	CO_2+H_2S	0.1896	0.1761	0.2329	0.0458	0.0423	0.0676
	CO_2+H_2S（砂）	0.2825	0.2169	0.2427	0.0459	0.0591	0.0695
90−3Cr	CO_2+H_2S	0.2118	0.1248	0.1784	0.0333	0.0500	0.0693
	CO_2+H_2S（砂）	0.2277	0.2049	0.2309	0.0258	0.0618	0.0786
90H−9Cr	CO_2+H_2S	0.0457	0.0474	0.0740	0.0129	0.0384	0.0464
	CO_2+H_2S（砂）	0.0537	0.0501	0.0787	0.0222	0.0425	0.0523
90H−13Cr	CO_2+H_2S	0.0326	0.0176	0.0232	0.0096	0.0271	0.0348
	CO_2+H_2S（砂）	0.0375	0.0195	0.0385	0.0164	0.0276	0.0370
15Cr−125	CO_2+H_2S	0.0064	0.0047	0.0143	0.0024	0.0192	0.0224
	CO_2+H_2S（砂）	0.0204	0.0054	0.0274	0.0070	0.0242	0.0285

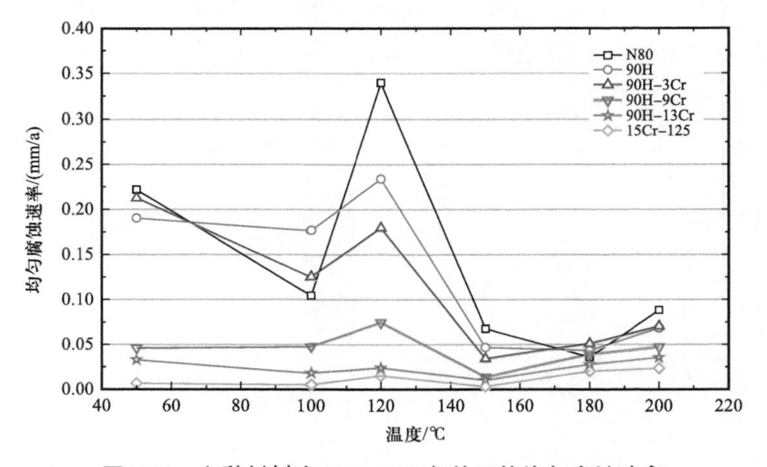

图 5.24 六种材料在 CO_2+H_2S 条件下的均匀腐蚀速率

图 5.25 为 120℃时流体含砂对油套管用钢在 CO_2+H_2S 和 CO_2+H_2S（含砂）条件下均匀腐蚀速率的影响，结合表 5.15 中的腐蚀速率数据，可以看出，流体中砂粒对腐蚀产物膜和钝化膜存在冲刷作用，致使六种材料的腐蚀速度总体上呈增大趋势。

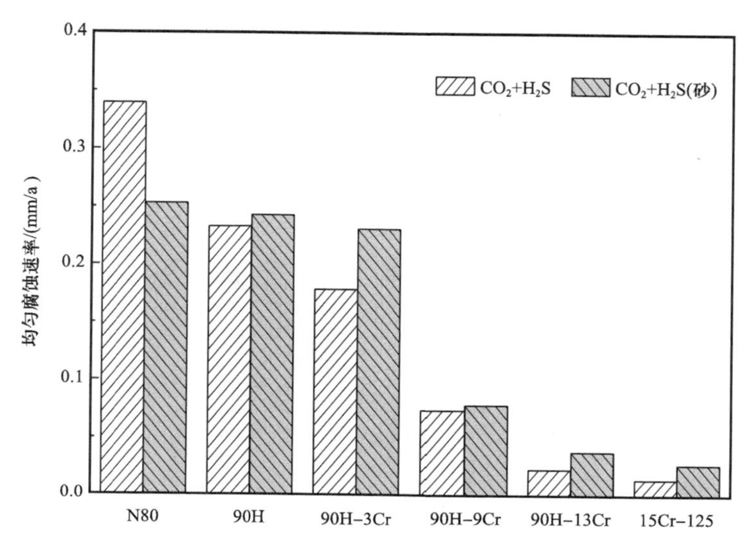

图 5.25　120℃时六种材料在 CO_2+H_2S 和 CO_2+H_2S（含砂）条件下的均匀腐蚀速率

图 5.26 为不同温度条件下，N80、90H、90H−3Cr、90H−9Cr 四种材料在含砂 CO_2+H_2S 条件下的局部腐蚀速率，图 5.27 为 90H−3Cr 试样在含砂和不含砂环境中的表面微观腐蚀形貌对比分析。流体中砂粒的存在，促进了油套管材料发生局部腐蚀的严重程度，在高温下尤为明显。

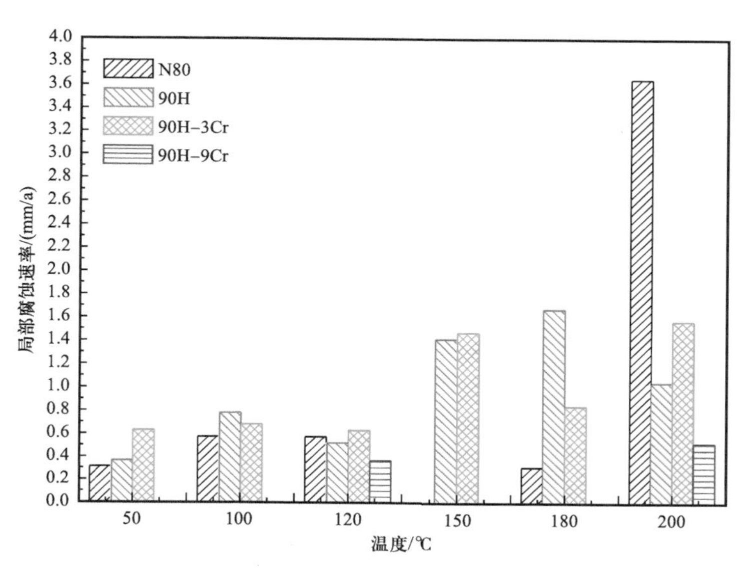

图 5.26　四种材料在含砂 CO_2+H_2S 条件下的局部腐蚀速率

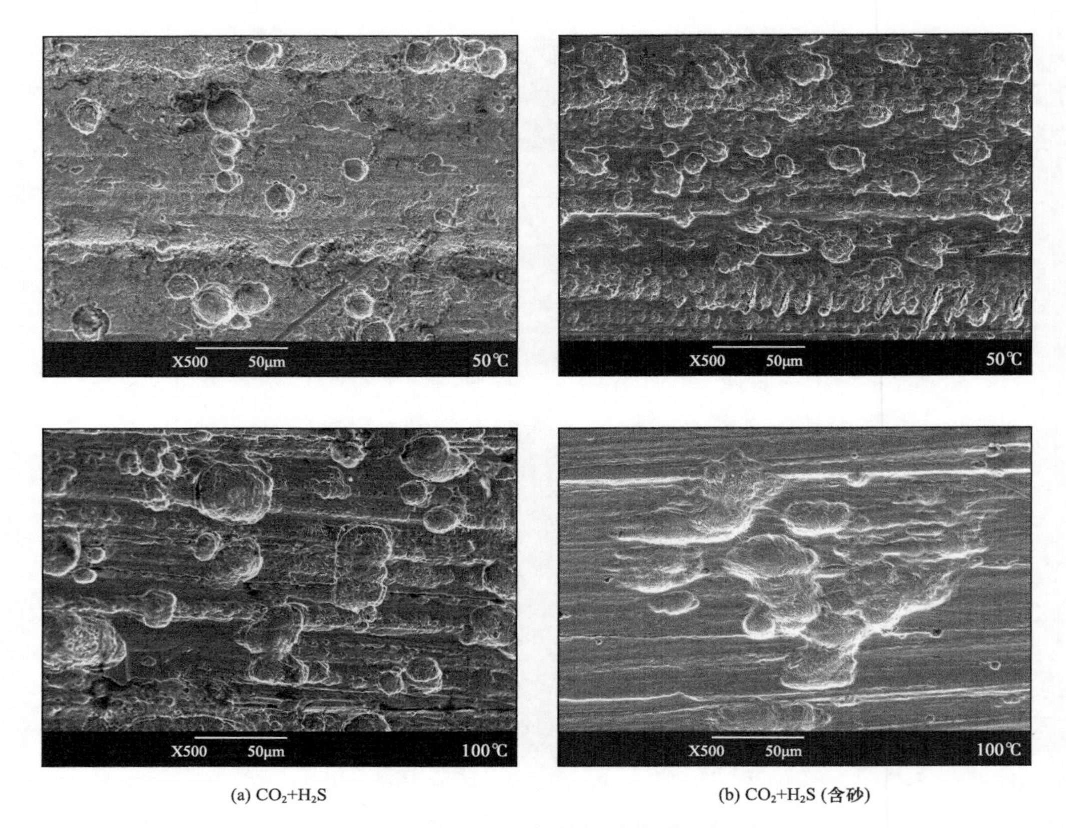

(a) CO_2+H_2S　　(b) CO_2+H_2S (含砂)

图 5.27　90H−13Cr 试样表面微观腐蚀形貌

5.4　抽油系统材质 $CO_2+H_2S+O_2$ 腐蚀行为

根据火驱采油生产井腐蚀环境，运用高温高压室内模拟腐蚀实验，评价抽油杆、光杆、抽油泵材质的抗 CO_2+H_2S 腐蚀和含砂条件下 CO_2+H_2S 腐蚀的均匀腐蚀、局部腐蚀性能差异，通过综合分析选出适合某油田特殊油藏火驱采油注气井及生产井腐蚀环境要求的抽油杆、光杆、抽油泵材质。

实验材料为 45 号钢、9Cr18Mo 和 20CrMo 三种材料，其化学组成见表 5.16。实验室腐蚀工况条件见表 5.17，具体实验方法同 5.2 节所述。

表 5.16　化学成分分析结果

材质	元素质量分数 /%								
	C	Si	Mn	P	S	Ni	Cr	Mo	V
9Cr18Mo	0.97	0.47	0.16	0.011	0.006	0.14	17.95	1.12	0.10
20CrMo	0.20	0.22	0.53	0.014	0.002	0.02	0.99	0.16	—
45 号钢	0.45	0.26	0.58	0.013	0.002	0.11	0.10	—	—

表 5.17 实验条件

工况	H_2S+CO_2	H_2S+CO_2+ 砂
温度 /℃	50/100/120/150/180/200	50/100/150/200
CO_2 分压 /MPa	0.42	
H_2S 分压 /MPa	0.009	
总压 /MPa	3	
地层水 /（mg/L）	见表 4.1	
实验时间 /h	168	
流速 /（m/s）	2	
含砂量 /（g/L）	—	10（粒度参照表 5.10）

5.4.1 抽油系统材质的 CO_2+H_2S 腐蚀行为

图 5.28 和图 5.29 所示为 45 号钢、9Cr18Mo 和 20CrMo 三种材质不同温度条件下腐蚀 168h 后的形貌。9Cr18Mo 试样在 50～200℃腐蚀后表面主要呈黑灰色，100～120℃时局部有黄色腐蚀产物生成。45 号钢和 20CrMo 在 50～200℃腐蚀后表面红褐色腐蚀产物明显，但 150℃时明显较少。观察腐蚀产物发现，9Cr18Mo 试样表面以散落分布的颗粒为主，而 45 号钢和 20CrMo 试样表面可见大量腐蚀产物堆积，120℃和 150℃时呈片状密集堆积，而其他温度时则呈疏松状堆积。清洗表面腐蚀产物后观察，可见 9Cr18Mo 试样表面几乎无点蚀痕迹，而 45 号钢和 20CrMo 在 150℃和 180℃未发现明显点蚀，在其他温度时点蚀均较严重。对腐蚀产物进行物相和成分组成分析，发现主要是 $FeCO_3$ 和 FeS。

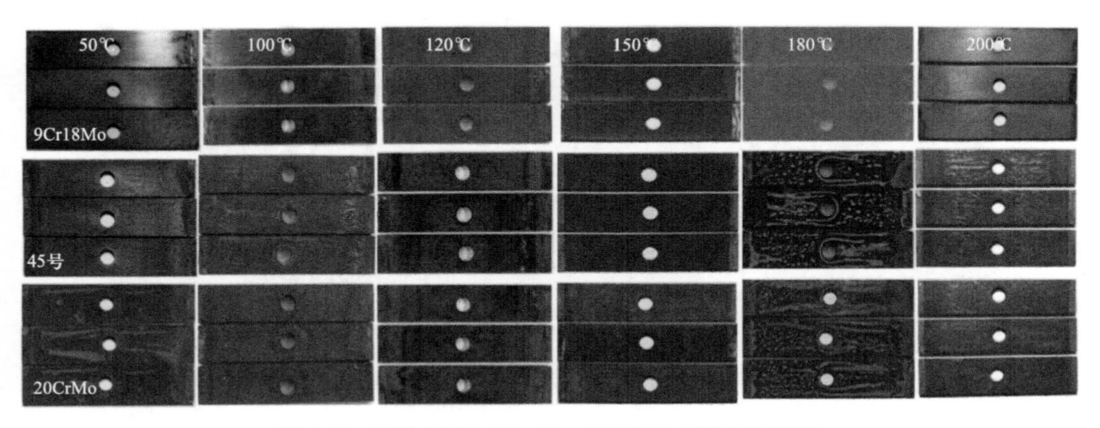

图 5.28 三种材质 168h CO_2+H_2S 腐蚀后的宏观形貌

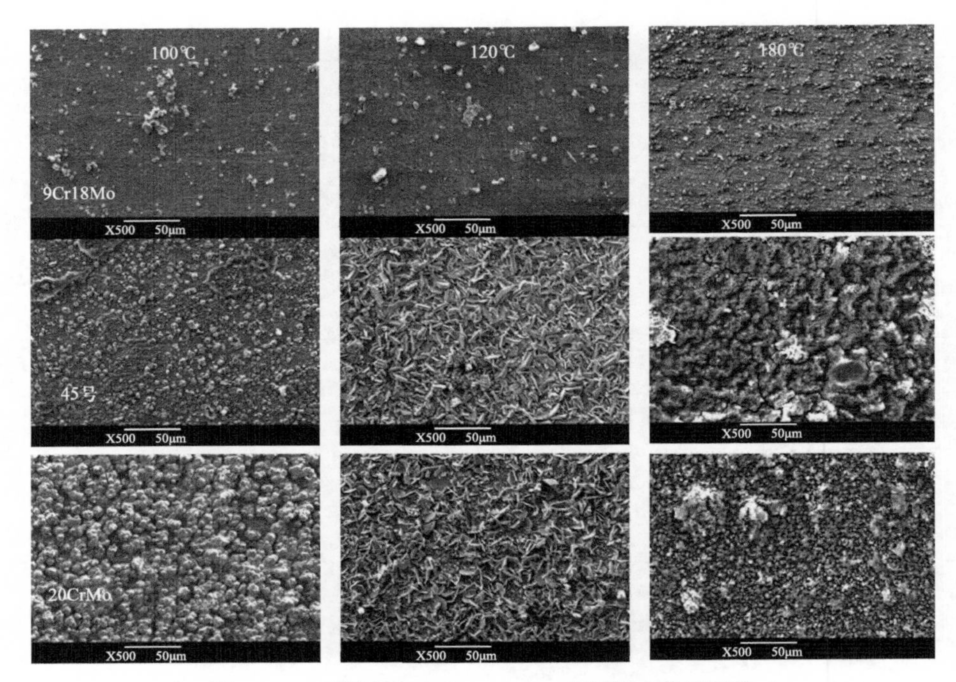

图 5.29 三种材质 168h CO_2+H_2S 腐蚀后产物的形貌

5.4.2 抽油系统材质的含砂 CO_2+H_2S 腐蚀行为

图 5.30 和图 5.31 所示为三种材质腐蚀 168h 后的形貌。9Cr18Mo 试样在 50～200℃腐蚀后表面主要呈黑灰色，150℃时局部有黄色腐蚀产物生成。45 号钢和 20CrMo 在 50～200℃腐蚀后表面黄褐色腐蚀产物明显，但 150℃时明显较少。观察腐蚀产物发现，9Cr18Mo 试样表面以散落分布的颗粒为主，而 45 号钢和 20CrMo 试样表面可见大量腐蚀产物堆积。清洗表面腐蚀产物后观察，可见 9Cr18Mo 试样表面几乎无点蚀痕迹，而 45 号钢和 20CrMo 有明显点蚀，200℃点蚀较严重。

图 5.30 三种材质 168h 含砂 CO_2+H_2S 腐蚀后的宏观形貌

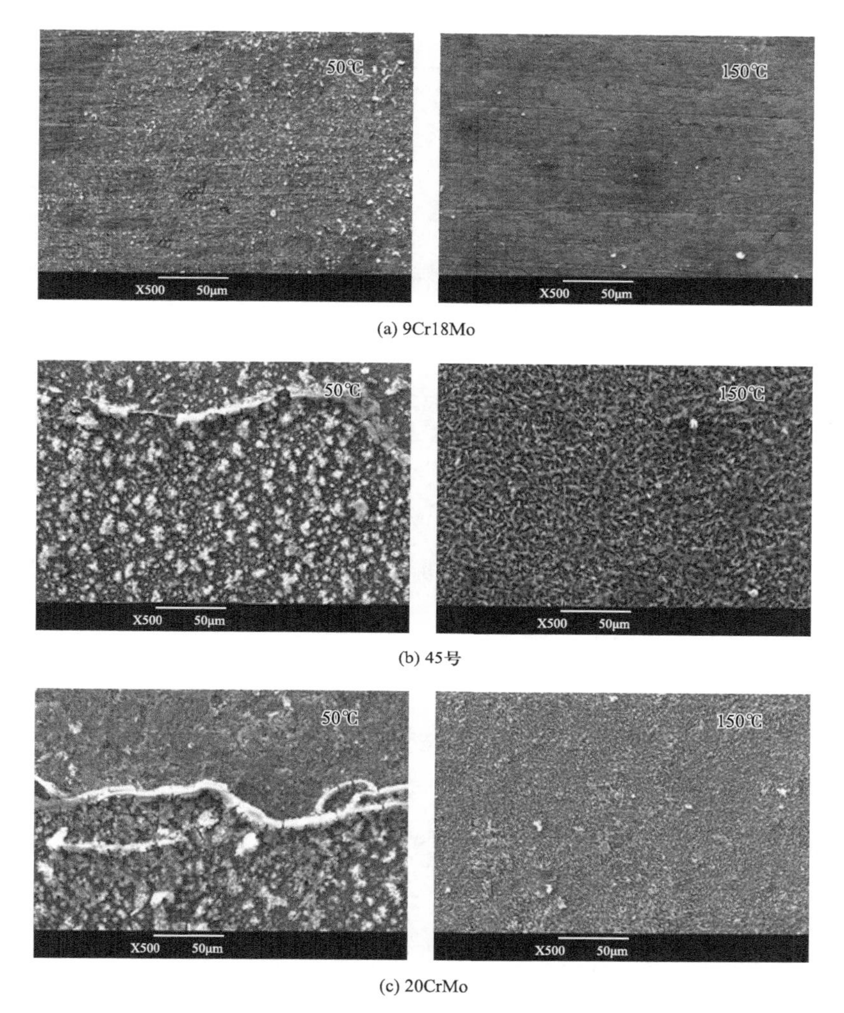

(a) 9Cr18Mo

(b) 45号

(c) 20CrMo

图 5.31 三种材质 168h 含砂 CO_2+H_2S 腐蚀后产物的形貌

5.4.3 抽油系统材质的 CO_2+H_2S 和含砂 CO_2+H_2S 腐蚀对比

5.4.3.1 温度的影响

表 5.18 为不同温度条件下 9Cr18Mo、45 号钢和 20CrMo 三种材料在 CO_2+H_2S 环境中的均匀腐蚀速率汇总表，图 5.32 为三种材料均匀腐蚀速率对比分析。45 号钢及 20CrMo 钢的腐蚀速率在 120℃出现最大值（腐蚀速率高于 0.2mm/a），而不锈钢 9Cr18Mo 在整个温度区间表现出良好的抗 CO_2+H_2S 均匀腐蚀性能。图 5.33 为 9Cr18Mo、45 号钢和 20CrMo 三种材质试样表面的微观腐蚀形貌，同样可以看出，45 号钢和 20CrMo 钢在 100～120℃局部腐蚀相对严重，而 9Cr18Mo 在整个温度区间表现出良好的抗 CO_2+H_2S 局部腐蚀性能。

表 5.18　三种材质在 CO_2+H_2S 条件下的均匀腐蚀速率

材质	腐蚀速率 /（mm/a）					
	50℃	100℃	120℃	150℃	180℃	200℃
9Cr18Mo	0.0012	0.0091	0.0205	0.0173	0.0103	0.0019
45 号钢	0.1177	0.1437	0.2577	0.0816	0.0497	0.0463
20CrMoCr	0.1192	0.1251	0.2121	0.0973	0.0533	0.0422

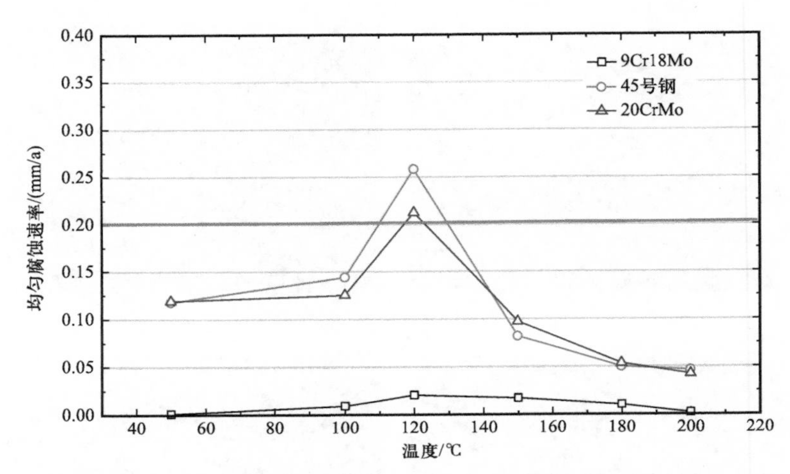

图 5.32　三种材质在 CO_2+H_2S 条件下均匀腐蚀速率对比图

5.4.3.2　含砂的影响

表 5.19 为 9Cr18Mo、45 号钢和 20CrMo 材质在 CO_2+H_2S 和 CO_2+H_2S（含砂）条件下的均匀腐蚀速率汇总，图 5.34 为温度对三种材料在 CO_2+H_2S（含砂）条件下的均匀腐蚀速率影响关系。可以看出，温度对三种材料均匀腐蚀速率的影响同其在 CO_2+H_2S 腐蚀条件下一致，45 号钢、20CrMo 和 9Cr18Mo 的最大腐蚀速率出现在 100～120℃范围内。

图 5.35 为 100℃时流体含砂对三种材质 CO_2+H_2S 均匀腐蚀速率的影响，结合表 5.18 中的腐蚀速率数据，可以看出，流体中砂粒对腐蚀产物膜和钝化膜存在冲刷作用，致使三种材料的腐蚀速度总体上呈增大趋势。

图 5.36 为不同温度条件下，砂粒对 9Cr18Mo、45 号钢和 20CrMo 三种材料 CO_2+H_2S 局部腐蚀速率影响，可以看出均发生了明显的局部腐蚀。但是 9Cr18Mo 在四个温度下的局部腐蚀都很轻微，可忽略不计。图 5.37 为 200℃时，三种材料在含砂和不含砂环境中的表面微观腐蚀形貌对比分析。可以看出，流体中砂粒的存在，促进了三种材质发生局部腐蚀的严重程度，在高温下尤为明显。

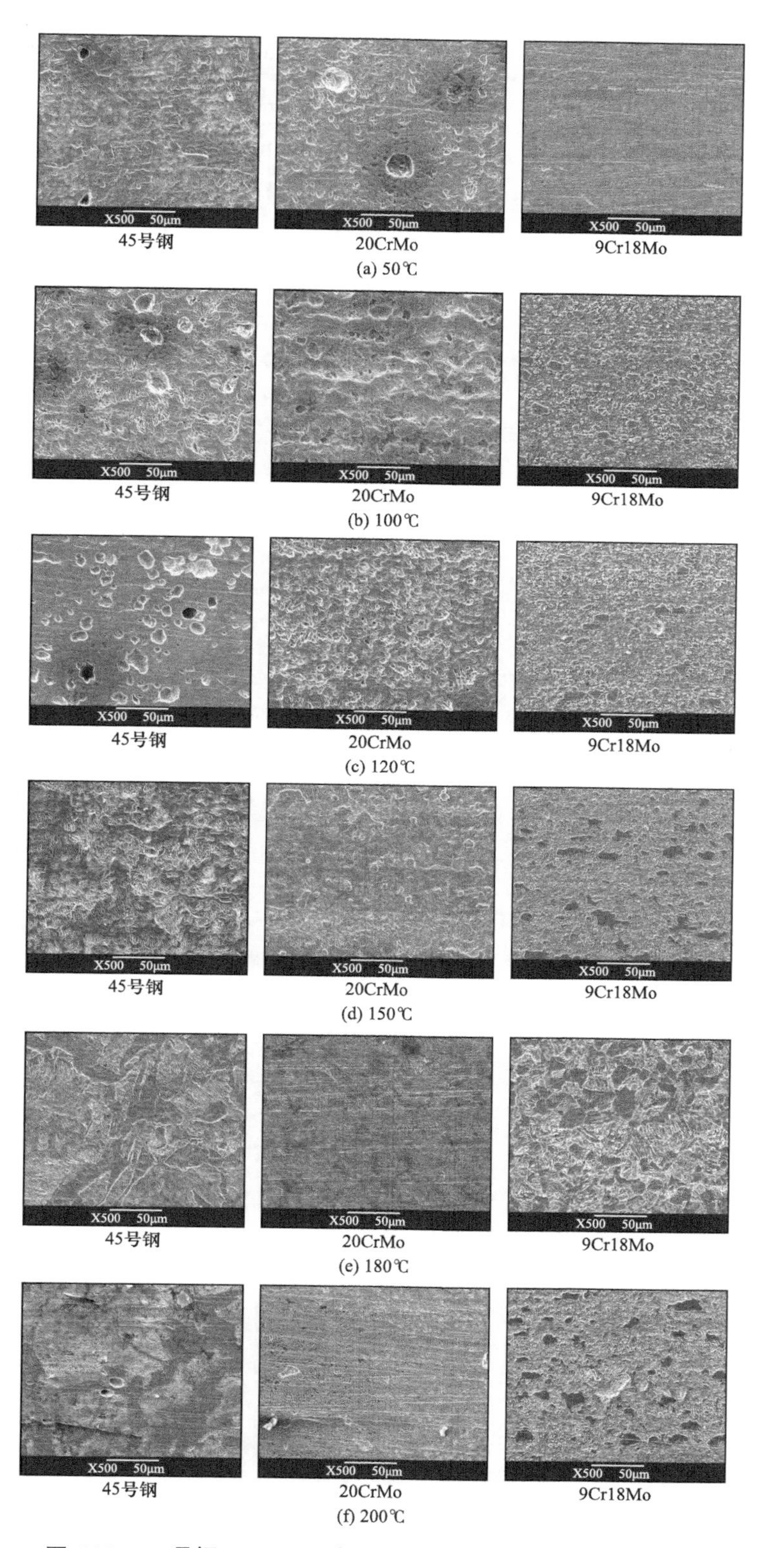

图 5.33　45 号钢、20CrMo 和 9Cr18Mo 试样表面微观腐蚀形貌

表 5.19 三种材质在 CO_2+H_2S 和 CO_2+H_2S（含砂）条件下的均匀腐蚀速率

材质及腐蚀条件		均匀腐蚀速率 /（mm/a）			
		50℃	100℃	150℃	200℃
45 号钢	CO_2+H_2S	0.1177	0.1437	0.0816	0.0463
	CO_2+H_2S（砂）	0.1711	0.3612	0.1141	0.0321
20CrMo	CO_2+H_2S	0.1192	0.1251	0.0973	0.0422
	CO_2+H_2S（砂）	0.1333	0.4851	0.1552	0.0266
9Cr18Mo	CO_2+H_2S	0.0012	0.0091	0.0173	0.0019
	CO_2+H_2S（砂）	0.0077	0.0153	0.0139	0.0064

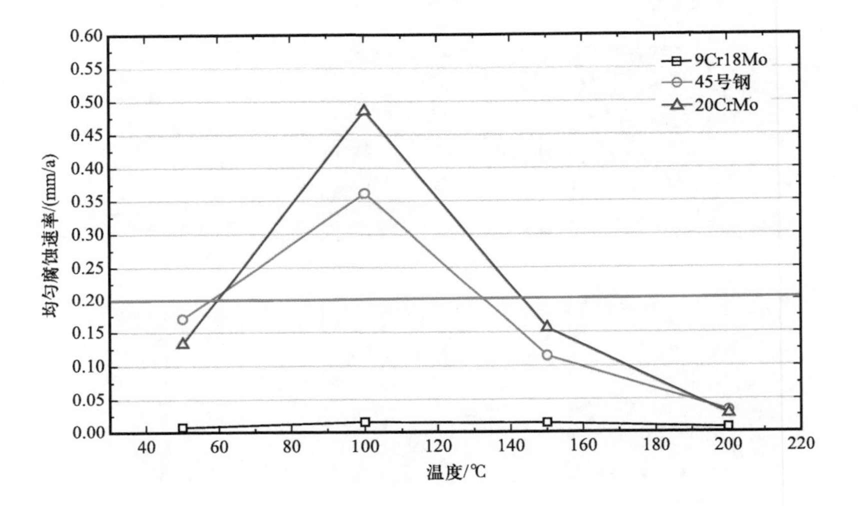

图 5.34 三种材质在 CO_2+H_2S（含砂）条件下均匀腐蚀速率对比图

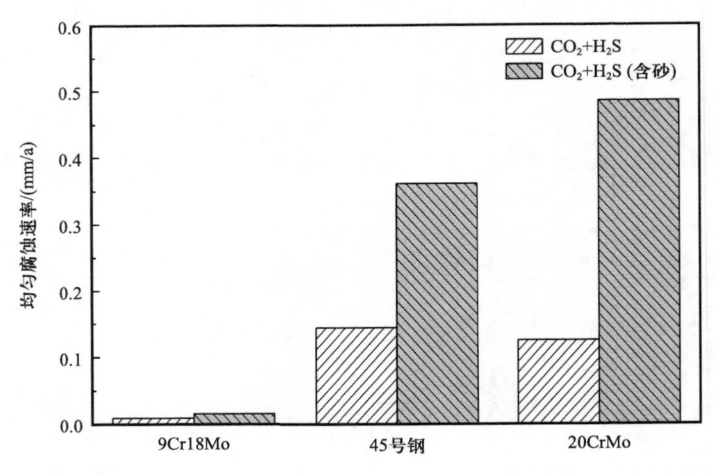

图 5.35 100℃时三种材料在 CO_2+H_2S 和 CO_2+H_2S（含砂）条件下的均匀腐蚀速率对比分析

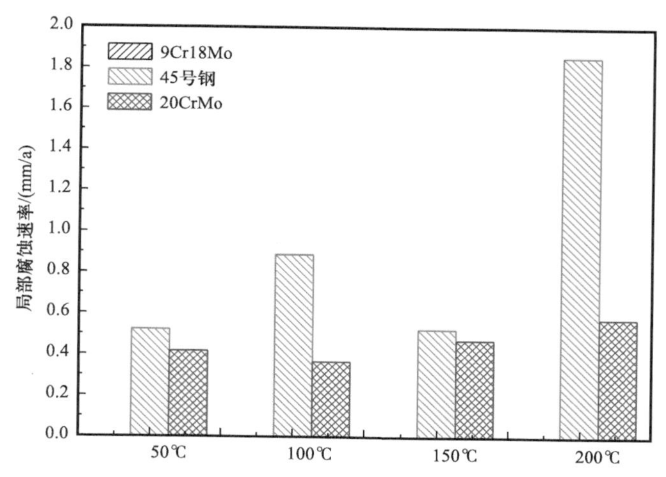

图 5.36 三种材质在 CO_2+H_2S（含砂）条件下局部腐蚀速率对比分析

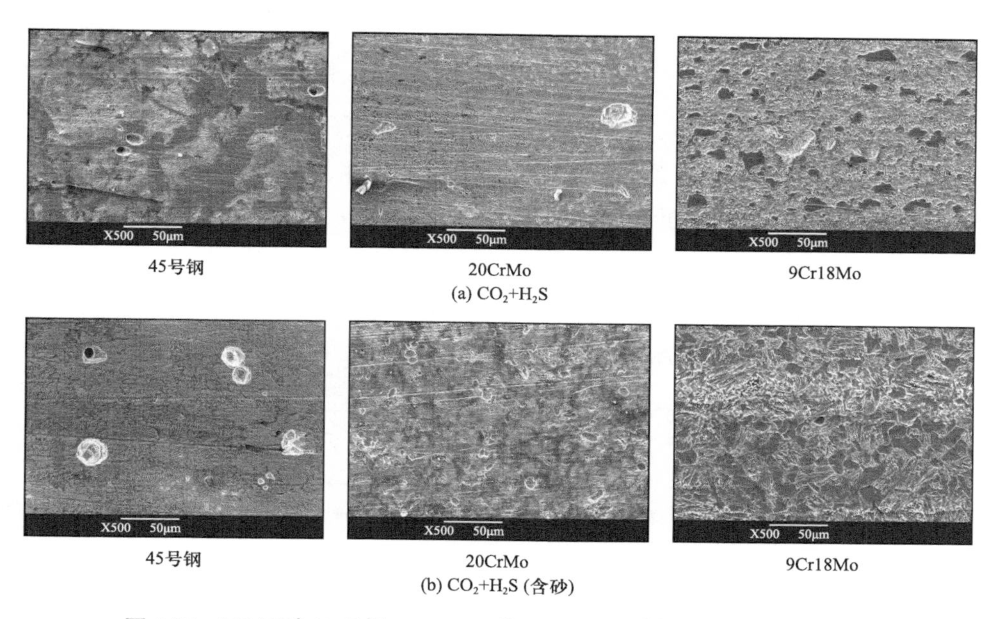

图 5.37 200℃时 45 号钢、20CrMo 和 9Cr18Mo 试样表面微观腐蚀形貌

5.5 碳钢和不锈钢高氧分压条件下 $CO_2+H_2S+O_2$ 腐蚀的影响因素

$CO_2+H_2S+O_2$ 环境中的腐蚀涉及 CO_2、H_2S 和 O_2 三种不同的腐蚀气体，其分压等多种因素都会对腐蚀进程产生影响，导致不同腐蚀产物的形成，进而对腐蚀速率产生影响。目前有关 $CO_2+H_2S+O_2$ 腐蚀中相关因素的研究还很有限，下面将以地面工艺中较常用的碳钢 20G、45 号钢和不锈钢 316L 钢为例，研究 $CO_2+H_2S+O_2$ 环境中，总压力、三种介质的分压、分压比、环境温度，以及三种介质两两之间或三者之间的相互作用等因素，对碳钢和不锈钢腐蚀速率影响作用的大小关系。

5.5.1 材质

选择碳钢 20G、45 号钢和不锈钢 316L 钢三种材质，其化学成分分析结果见表 5.20。

表 5.20 化学成分分析结果

材质	元素质量分数 /%								
	C	Si	Mn	P	S	Ni	Cr	Mo	N
20G	0.17	0.22	0.41	0.015	0.008	0.01	0.03	0.003	—
45 号钢	0.45	0.26	0.58	0.013	0.002	0.11	0.10	—	—
316L	0.030	0.52	1.21	0.024	0.0004	10.3	17.6	2.1	0.04

5.5.2 实验方法

每种材质均加工成两种规格：尺寸 50mm×10mm×3mm 且带有一孔径为 6mm 的圆孔，尺寸 15mm×10mm×5mm 且带有一孔径为 2mm 的圆孔。前者用于失重实验和 X 射线衍射分析，后者用于腐蚀产物微观形貌、元素能谱和横截面形貌分析。

设置 9 种环境条件见表 5.21，其中 1～3 号为无氧条件下的 CO_2+H_2S 腐蚀，4～6 号为低氧含量（1.37%）条件下的 CO_2+H_2S+O_2 腐蚀，7～9 号为高氧含量（3%）条件下的 CO_2+H_2S+O_2 腐蚀，用以研究氧及其分压大小对三种材质腐蚀行为的影响。通过计算上述条件下腐蚀速率对于总压、温度、O_2 分压、O_2 和 H_2S 的交互作用，H_2S 分压及 CO_2 分压等因素的标准回归系数，研究各因素对 CO_2+H_2S+O_2 腐蚀的影响大小。

表 5.21 CO_2+H_2S+O_2 腐蚀影响因素研究方案

编号	腐蚀工况条件				
	总压力 /MPa	温度 /℃	O_2 含量 /%	H_2S 含量 /（mg/m^3）	CO_2 含量 /%
1	10	20	0	200	10
2	20	20	0	200	15
3	15	40	0	1000	15
4	15	20	1.37	600	15.3
5	20	40	1.37	600	15.3
6	10	60	1.37	600	15.3
7	10	40	3	1000	15
8	15	60	3	200	10
9	20	60	3	1000	10

实验用模拟油田现场采出水环境，溶液的离子组成见表 4.1。根据溶液的离子组成，选用以下原料配制溶液：$CaCl_2$、$MgCl_2$、$NaHCO_3$、Na_2SO_4、NaCl 和蒸馏水。

5.5.3 20G 钢 $CO_2+H_2S+O_2$ 腐蚀影响因素

20G 钢在 9 种环境中的腐蚀速率普遍较高，都大于 0.076mm/a，如图 5.38 所示，但不同类型的腐蚀环境中腐蚀速率的大小具有显著的特点。首先，无氧条件（1～3 号环境）下，由于不存在吸氧反应的作用，腐蚀速率普遍低于有氧条件（4～9 号环境）。在有氧条件（4～9 号环境）、高氧含量（7～9 号环境）中，不同工艺下的腐蚀速率大小较为接近，这说明此时其他因素如温度、分压、分压比等对于腐蚀速率的影响较小，高氧含量是控制腐蚀过程的主要因素；而在低氧含量（4～6 号环境）中，分别产生了腐蚀速率最大（6 号环境）和腐蚀速率最小（5 号环境）的结果，这说明主导腐蚀的因素并不一致，各因素之间的相互影响较为复杂。

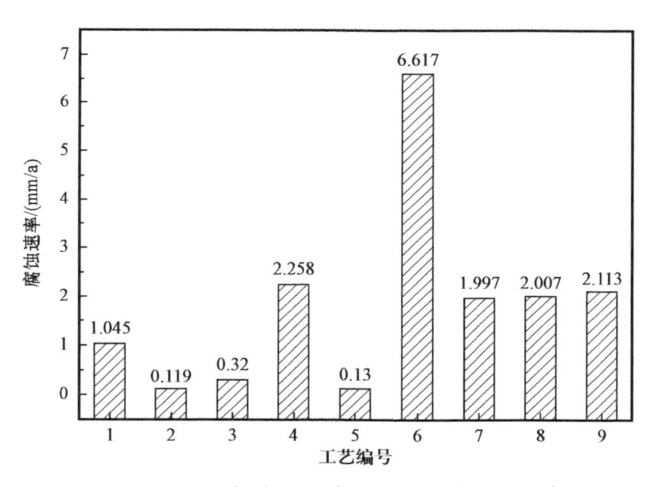

图 5.38 20G 钢在不同腐蚀条件下的腐蚀速率

此外，1～9 号环境腐蚀温度为 20～60℃，除 2 号环境都发生了不同程度的局部腐蚀或点蚀，这与 CO_2+H_2S 腐蚀在 60℃下以均匀腐蚀为主的结果不同。由此可见，氧的存在对 CO_2+H_2S 环境中点蚀和局部腐蚀的发生都有不同程度的促进作用。

20G 钢在不同工况条件下腐蚀所形成的腐蚀产物宏观形貌、表面形貌和截面形貌如图 5.39 所示。可以看出，无氧时，腐蚀产物膜表层的完整性和致密性，明显较高氧含量（$3\%O_2$）时更好，因此其腐蚀速率也明显低于高氧含量条件下的腐蚀。低氧含量时其腐蚀产物的结构有较大差异，4 号和 5 号环境时腐蚀产物膜连续且相对致密，而 6 号环境时腐蚀产物膜开裂严重，这同样说明影响腐蚀产物膜形成的主要因素在 4～6 号环境条件下有较大的差异，与腐蚀速率大小的变化是一致的。

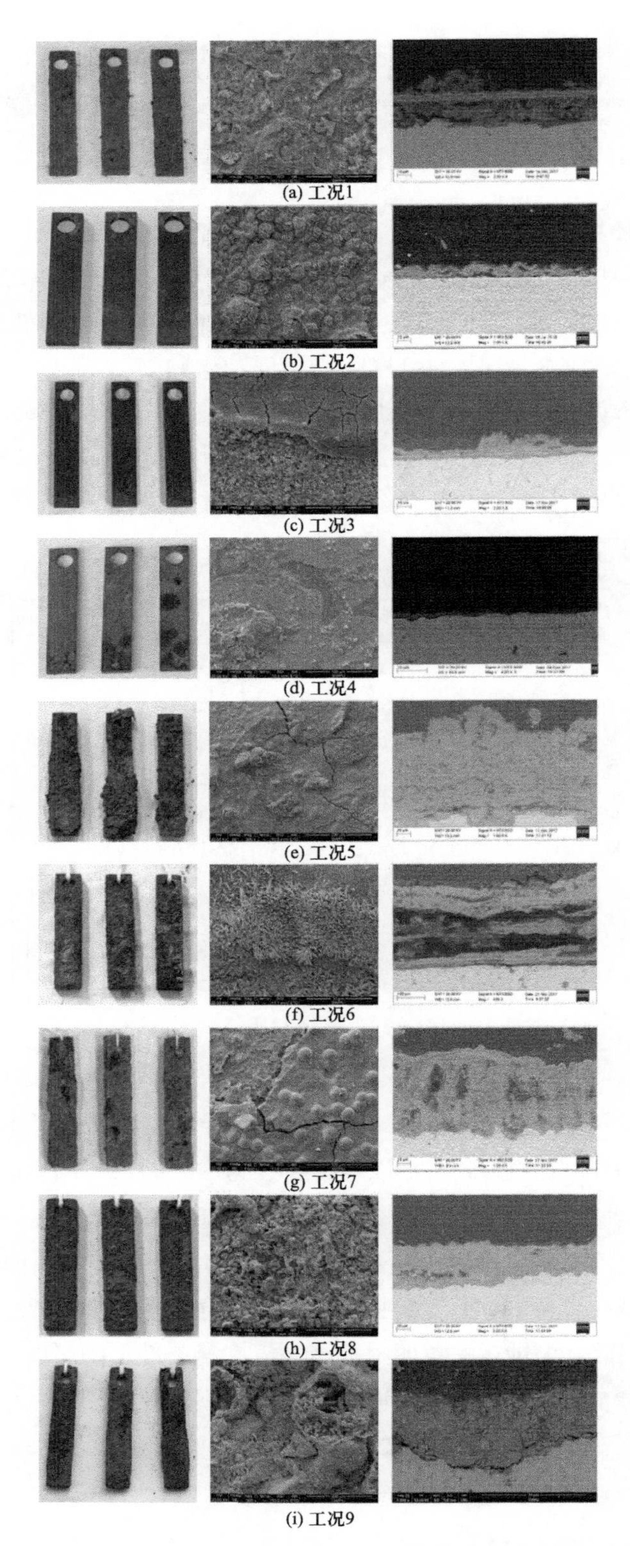

图 5.39　不同工况条件下 20G 钢表面腐蚀产物宏观形貌、表面形貌和截面形貌

表 5.22 所示为不同工况条件下的腐蚀速率和腐蚀产物膜的物相组成。3 号工况中 CO_2 和 H_2S 的分压比为 150，形成了以 FeS 为主的腐蚀产物，说明 H_2S 控制腐蚀过程；2 号工况中 CO_2 和 H_2S 的分压比为 750，形成了以 $FeCO_3$ 为主的腐蚀产物，说明 CO_2 控制腐蚀过程；1 号工况中 CO_2 和 H_2S 的分压比为 500，形成了以 $FeCO_3$、FeS 等腐蚀产物，说明 CO_2 和 H_2S 共同控制腐蚀过程。

表 5.22　不同工况条件下 20G 钢的腐蚀速率和腐蚀产物膜的物相组成

编号	腐蚀速率 /（mm/a）	物相
1	1.045	$FeCO_3$，FeS，Fe_9S_{11}，$Fe_{1-x}S$
2	0.119	$FeCO_3$
3	0.320	FeS
4	0.130	FeOOH，S
5	6.617	S，$FeCO_3$，Fe_2O_3，FeS_2
6	2.258	S，FeS，Fe_2O_3
7	1.997	S，FeS_2，FeOOH
8	2.007	S，FeOOH
9	2.113	S，FeOOH，FeS，$Fe(OH)_2$

4～9 号工况腐蚀介质中 O_2 存在时，20G 表面形成了复杂的腐蚀产物。而且，腐蚀介质中含有氧时，腐蚀产物中易生成 S，这是氧对 H_2S 产生氧化作用的结果。此外，有氧时也易生成高价铁的氧化产物，如 Fe_2O_3 和 FeOOH。当多种腐蚀产物同时形成时，腐蚀速率往往较高，这是因为多种相生成时，较难形成致密的腐蚀产物膜。

为判断各因素对腐蚀速率的影响大小，利用实验数据对腐蚀速率进行回归拟合分析。设 X_1 为总压，X_2 为温度，X_3 为 O_2 分压，X_4 为 O_2 和 H_2S 的交互作用，X_5 为 CO_2 分压，即 $X_1=p$，$X_2=T$，$X_3=p_{O_2}$，$X_4=p_{O_2}\times p_{H_2S}$，$X_5=p_{CO_2}$，

$$Y=a+b_1X_1+b_2X_2+b_3X_3+b_4X_4+b_5X_5 \tag{5.1}$$

分析实验条件和结果，计算相关统计量，按下式计算相关统计量：

$$L_{ii}=\sum_{j=1}^{n}X_{ij}^2-\frac{1}{n}(\sum_{j=1}^{n}X_{ij})^2 \tag{5.2}$$

$$L_{ij}=\sum_{j=1}^{n}X_{ij}X_{kj}-\frac{1}{n}\sum_{j=1}^{n}X_{ij}\sum_{j=1}^{n}X_{kj} \tag{5.3}$$

其中 n=9，得到相关统计量的矩阵：

$$L_1=\begin{bmatrix}121.875 & 0 & 1.8728 & 0.0528 & 56.527\\ 0 & 2400 & 19.63 & 0.2464 & -133.5225\\ 1.8728 & 19.63 & 0.3554 & 0.0052 & -1.1039\\ 0.0528 & 0.2464 & 0.0052 & 0.0001 & -0.0047\\ 56.527 & -133.5225 & -1.1039 & -0.0047 & 45.5258\end{bmatrix} \tag{5.4}$$

$$L_2=\begin{bmatrix}-9.0969\\ 101.68\\ 0.9928\\ 0.0124\\ -11.7527\end{bmatrix} \tag{5.5}$$

建立方程组：

$L_1B=L_2$，求解得方程组的解：

$$B=\begin{bmatrix}-0.1197\\ 0.0288\\ 0.5247\\ 88.8709\\ -0.0033\end{bmatrix} \tag{5.6}$$

代入 X_1、X_2、X_3、X_4 和 Y 的平均值，计算 $a=Y-b_1X_1-b_2X_2-b_3X_3-b_4X_4$，解得 a=1.5079。得到回归方程：

$$Y=1.5079-0.1197X_1+0.0288X_2+0.5247X_3+88.8709X_4-0.0033X_5 \tag{5.7}$$

修正方法为（Y'为修正后的腐蚀速率）：

（1）无氧条件下，修正方法为 $Y'=Y/3+0.2$；

（2）15MPa，20℃，1.37%O_2+600mg/m^3 H_2S+15.3% CO_2 条件下，修正方法为 $Y'=Y/3$。

根据回归方程，计算总压、温度、O_2 分压、O_2 和 H_2S 的交互作用，以及 CO_2 分压五个因素的标准回归系数，方法为：

$$b_i'=|b_i|\sqrt{\frac{L_{ii}}{L_{yy}}} \tag{5.8}$$

计算结果见表 5.23。腐蚀速率影响程度从大到小依次是温度、总压、O_2 和 H_2S 交互作用、O_2 分压、CO_2 分压。实验工况范围内，腐蚀速率随各因素升高的变化趋势如图 5.40 至图 5.44 所示，可见腐蚀速率随温度、O_2 分压、O_2 与 H_2S 分压乘积的增大而增大，随总压力的增大而减小，而 CO_2 分压的变化对其影响不大。

表 5.23 20G 钢材 CO_2+H_2S+O_2 腐蚀影响因素回归系数

影响因素	总压	温度	O_2 分压	O_2、H_2S 交互作用	CO_2 分压
标准回归系数	0.5251	0.5607	0.1243	0.3766	0.0088

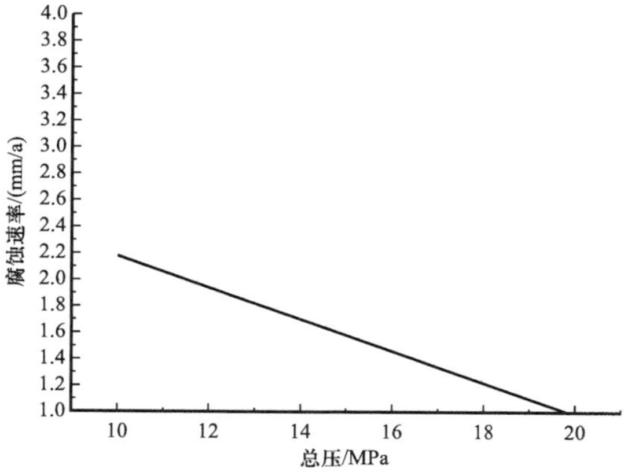

图 5.40 实验条件下 20G 腐蚀速率随总压升高的变化趋势

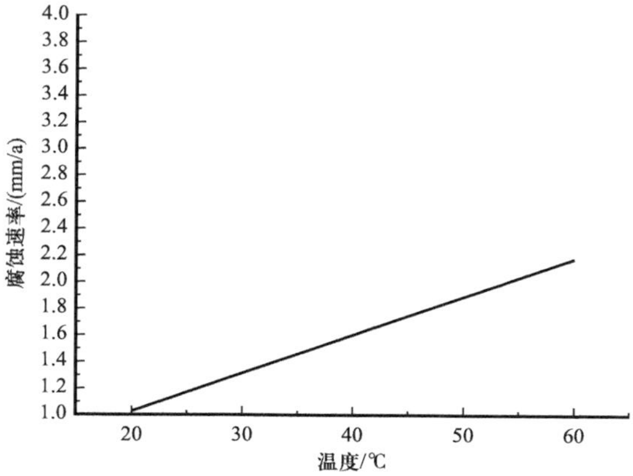

图 5.41 实验条件下 20G 腐蚀速率随温度升高的变化趋势

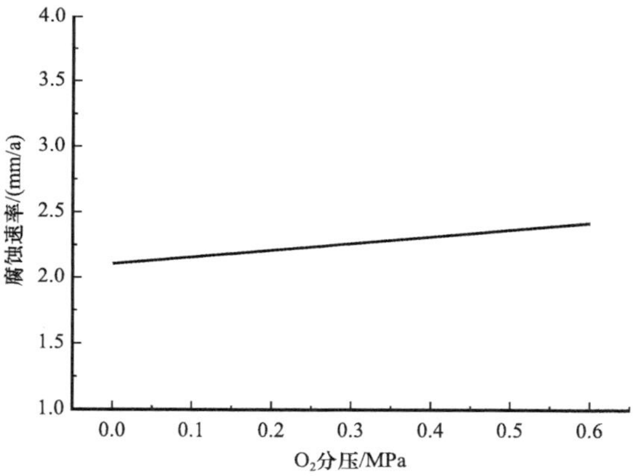

图 5.42 实验条件下 20G 腐蚀速率随 O_2 分压升高的变化趋势

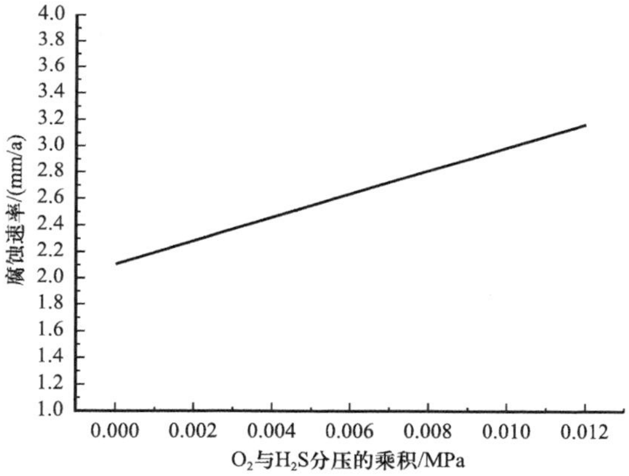

图 5.43 实验条件下 20G 腐蚀速率随 O_2 与 H_2S 分压乘积的变化趋势图

5.5.4 45 号钢 CO_2+H_2S+O_2 腐蚀影响因素

45 号钢在不同环境条件下腐蚀速率如图 5.45 所示，腐蚀速率普遍较高，但不同类型的腐蚀环境中腐蚀速率的大小具有与 20G 腐蚀相似的特点。首先，无氧条件（1～3 号工况环境）下腐蚀速率普遍低于有氧条件（4～9 号工况环境）。在有氧条件（4～9 号工况环境），高氧含量（7～9 号工况环境）中，不同条件下的腐蚀速率大小较为接近，这说明此时其他因素如温度、分压、分压比等对于腐蚀速率的影响较小，高氧含量是控制腐蚀过程

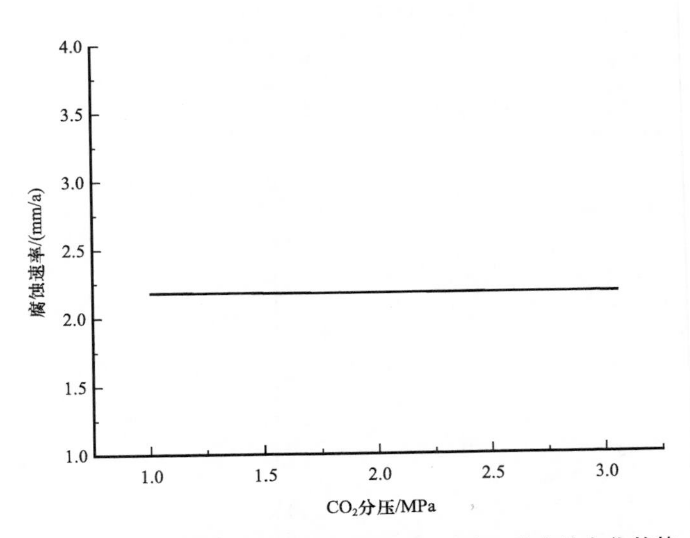

图 5.44　实验条件下 20G 腐蚀速率随 CO_2 分压升高的变化趋势

的主要因素，而在低氧含量（4～6 号工况环境）中，分别产生了腐蚀速率最大（5 号）且 $CO_2+H_2S+O_2$ 环境中腐蚀速率最小（4 号）的结果，这说明主导腐蚀的因素并不一致，各因素之间的相互影响较为复杂。

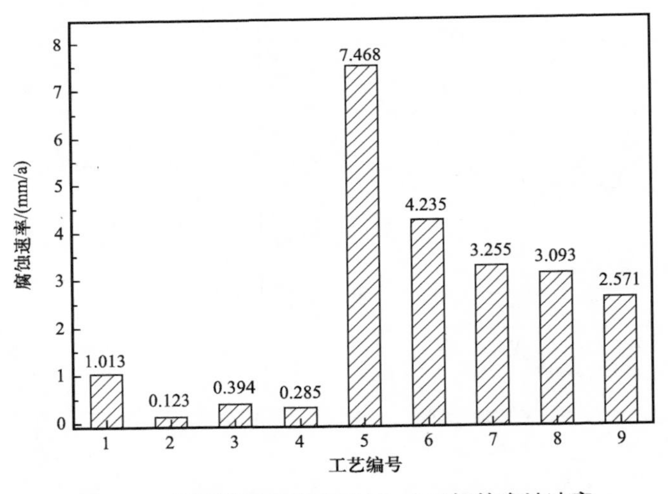

图 5.45　不同实验工况条件下 45 号钢的腐蚀速率

45 号钢在不同条件下所形成的腐蚀产物宏观形貌、表面形貌和截面形貌如图 5.46 所示。可以看出，无氧时，腐蚀产物膜表层的完整性和致密性，明显较高氧含量（3%O_2）时更好，因此其腐蚀速率也明显低于高氧含量条件下的腐蚀。低氧含量时其腐蚀产物的结构有较大差异，4 号工况环境时腐蚀产物膜连续且相对致密，而 5 号工况环境和 6 号工况环境时腐蚀产物膜开裂严重，这同样说明影响腐蚀产物膜形成的主要因素在 4～6 号工况环境条件下有较大的差异，与腐蚀速率大小的变化是一致的。

(a) 工况1

(b) 工况2

(c) 工况3

(d) 工况4

(e) 工况5

(f) 工况6

(g) 工况7

(h) 工况8

(i) 工况9

图 5.46 不同工况环境条件下 45 号钢表面腐蚀产物宏观形貌、表面形貌和截面形貌

表 5.24 所示为不同工况环境条件下 45 号钢的腐蚀速率和腐蚀产物膜的物相组成。可以看出，不同工况环境条件下，45 号钢表面腐蚀产物的形成与 20G 相似。3 号工况环境中 CO_2 和 H_2S 的分压比为 150，形成了以 FeS 为主的腐蚀产物，说明 H_2S 控制腐蚀过程；2 号工况环境中 CO_2 和 H_2S 的分压比为 750，形成了以 $FeCO_3$ 为主的腐蚀产物，说明 CO_2 控制腐蚀过程；1 号工况环境中 CO_2 和 H_2S 的分压比为 500，形成了以 $FeCO_3$、FeS 等腐蚀产物，说明 CO_2 和 H_2S 共同控制腐蚀过程。4～9 号工况环境中 O_2 的存在导致 45 号钢表面形成了复杂的腐蚀产物。而且，腐蚀介质中含有氧时，腐蚀产物中易生成 S，这是氧对 H_2S 产生氧化作用的结果。此外，有氧时也易生成高价铁的氧化产物，如 Fe_2O_3 和 FeOOH。当多种腐蚀产物同时形成时，腐蚀速率往往较高，这是因为生成多种物相时，较难形成致密的腐蚀产物膜。

表 5.24　不同工况环境条件下 45 号钢的腐蚀速率和腐蚀产物膜的物相组成

编号	腐蚀速率 /（mm/a）	物相
1	1.013	$FeCO_3$、FeS
2	0.123	$FeCO_3$
3	0.394	FeS
4	0.285	Fe_3O_4、$Fe_{1-x}S$、FeOOH
5	7.468	S、$Fe_{1-x}S$、$FeCO_3$
6	4.235	FeOOH、S、FeS、Fe_3O_4
7	3.255	S、FeOOH、$FeCO_3$
8	3.093	FeOOH、S
9	2.571	S、FeOOH、FeS_2

为了判断各因素对腐蚀速率的影响大小，取温度、总压、O_2 分压、CO_2 分压和 H_2S 分压五个因素。根据回归方程，计算各因素的标准回归系数，判断各因素对腐蚀速率的影响大小，计算得到五个因素的标准回归系数见表 5.25。腐蚀速率影响程度从大到小依次是温度、总压、O_2 分压、CO_2 分压和 H_2S 分压。实验工况范围内，腐蚀速率随各因素升高的变化趋势如图 5.47 至图 5.51 所示。可见腐蚀速率随温度、O_2 分压和 CO_2 分压的增大而增大，随总压力和 H_2S 压力的增大而减小。

表 5.25　45 号钢 CO_2+H_2S+O_2 影响因素回归系数

影响因素	总压	温度	O_2 分压	H_2S 分压	CO_2 分压
标准回归系数	0.6651	0.7046	0.4447	0.2290	0.2936

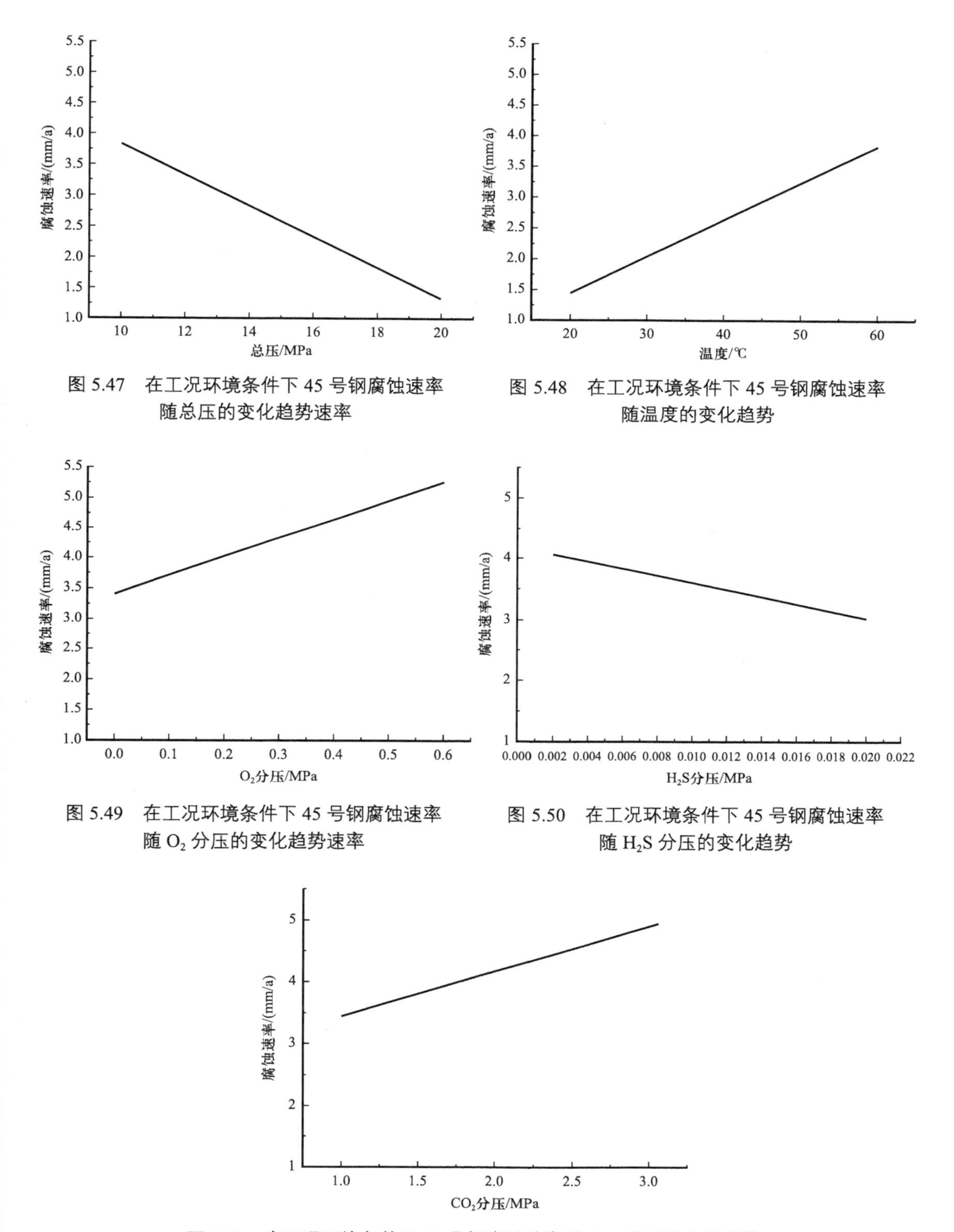

图 5.47 在工况环境条件下 45 号钢腐蚀速率随总压的变化趋势速率

图 5.48 在工况环境条件下 45 号钢腐蚀速率随温度的变化趋势

图 5.49 在工况环境条件下 45 号钢腐蚀速率随 O_2 分压的变化趋势速率

图 5.50 在工况环境条件下 45 号钢腐蚀速率随 H_2S 分压的变化趋势

图 5.51 在工况环境条件下 45 号钢腐蚀速率随 CO_2 分压的变化趋势

5.5.5 316L 钢 $CO_2+H_2S+O_2$ 腐蚀影响因素

316L 钢在不同工况环境条件下腐蚀速率如图 5.52 所示，腐蚀速率普遍较低，但不同类型的腐蚀环境中腐蚀速率的大小具有与 20G 和 45 号钢腐蚀速率相似的特点，即无氧条件下腐蚀速率普遍低于有氧条件，高氧含量不同条件下的腐蚀速率大小较为接近，说明氧是控制腐蚀过程的主要因素，而在低氧含量中主导腐蚀的因素并不一致，各因素之间的相互影响较为复杂。

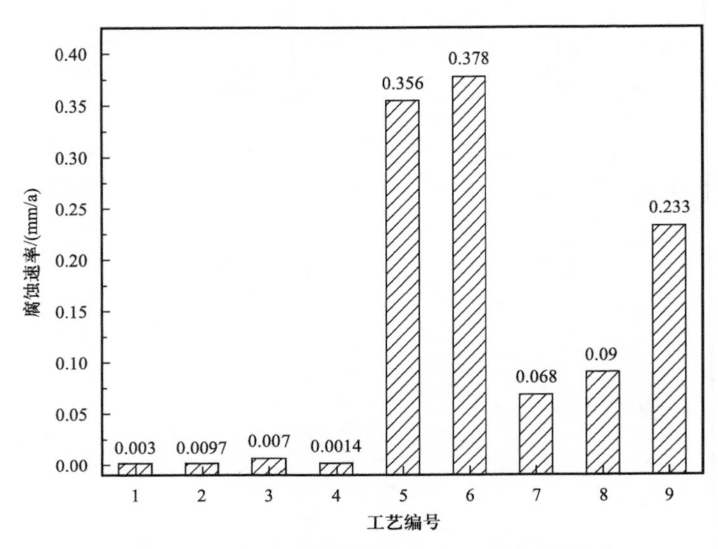

图 5.52　不同工况环境条件下 316L 钢的腐蚀速率

316L 钢在不同条件下所形成的腐蚀产物宏观形貌、表面形貌和截面形貌如图 5.53 所示。可以看出，316L 钢表面腐蚀产物膜不仅在无氧条件下其完整性和致密性明显较 20G 和 45 号钢好，即使在有氧时，也仅仅 6 号环境下所形成的腐蚀产物膜出现明显的不致密和开裂现象。对比 20G 和 45 号钢，这很显然与 316L 钢含有较高的 Cr 和 Ni 元素有关。

表 5.26 所示为 316L 钢不同工况条件下的腐蚀速率和腐蚀产物膜的物相组成。其腐蚀产物组成中均形成了 Cr 的化合物，这与 20G 和 45 号钢有明显差异。Cr 的腐蚀产物以非晶态 $Cr(OH)_3$ 和 Cr_2O_3 为主。$Cr(OH)_3$ 在酸性环境中较稳定、有阳离子选择性，因此可增加腐蚀产物膜的稳定性、降低腐蚀速率。

根据回归方程，计算各因素的标准回归系数，判断各因素对腐蚀速率的影响大小，计算得到五个因素的标准回归系数见表 5.27。腐蚀速率影响程度从大到小依次是 O_2 和 H_2S 交互作用、O_2 分压、CO_2 分压、总压和温度。实验范围内，腐蚀速率随各因素升高的变化趋势如图 5.54 至图 5.58 所示。可见腐蚀速率随 O_2 与 H_2S 分压乘积、O_2 分压、温度的增大而增大，随总压力和 CO_2 分压的增大而减小。

图 5.53　不同工况环境条件下 316L 钢表面腐蚀产物宏观形貌、表面形貌和截面形貌

表 5.26　不同工况环境条件下 316L 钢的腐蚀速率和腐蚀产物的物相组成

编号	腐蚀速率 /（mm/a）	物相组成
1	0.001	$FeCO_3$、硫化物、含 Cr 化合物
2	0.00097	$FeCO_3$、硫化物、含 Cr 化合物
3	0.007	FeS，$Cr(OH)_3$
4	0.0014	$FeCO_3$、硫化物、含 Cr 化合物
5	0.356	S，Cr 化合物、Fe 的硫化物
6	0.378	S，Fe 氧化物或氢氧化物
7	0.068	S，Fe 氧化物或氢氧化物
8	0.090	S，$FeCO_3$、含 Cr 化合物
9	0.233	S、硫化物、Fe 氧化物或氢氧化物

表 5.27　316L 钢 $CO_2+H_2S+O_2$ 影响因素回归系数

影响因素	总压	温度	O_2 分压	O_2，H_2S 交互作用	CO_2 分压
标准回归系数	0.0286	0.0210	0.2852	0.4567	0.0424

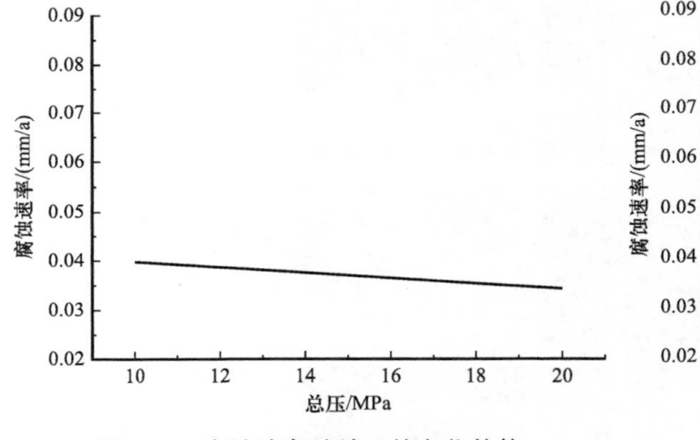

图 5.54　腐蚀速率随总压的变化趋势

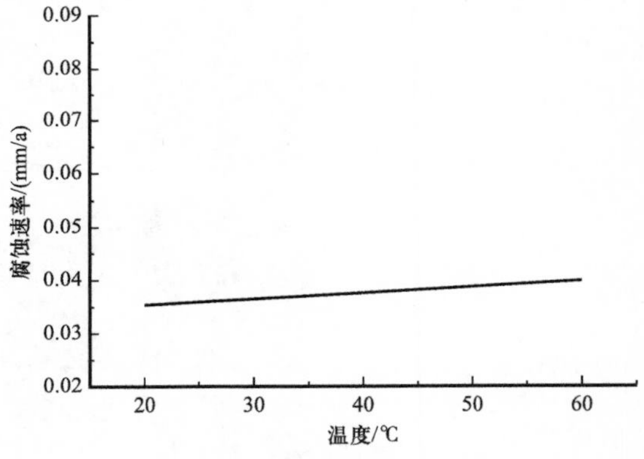

图 5.55　腐蚀速率随温度的变化趋势

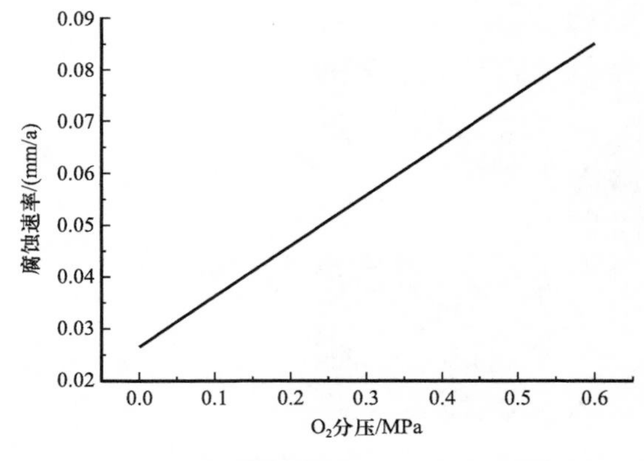

图 5.56　腐蚀速率随 O_2 分压的变化趋势

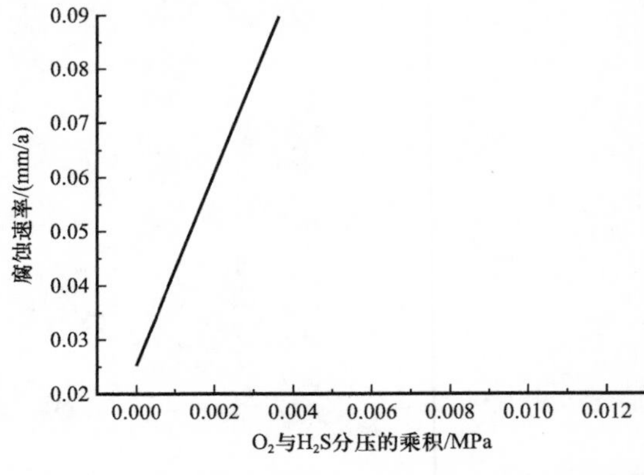

图 5.57　腐蚀速率随 O_2 与 H_2S 分压乘积的变化趋势

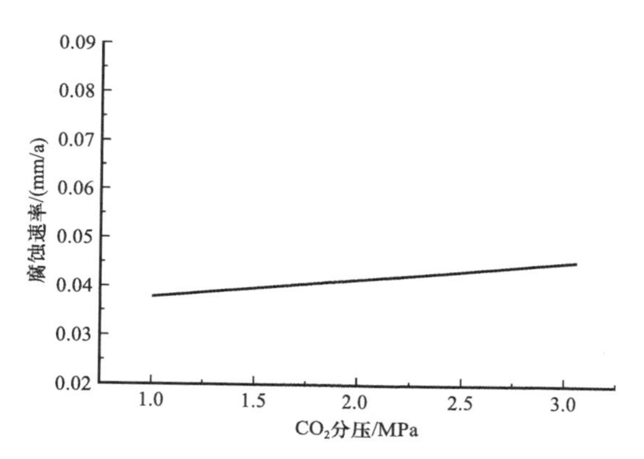

图 5.58　腐蚀速率随 CO_2 分压的变化趋势

6 火驱采油系统材质选择及腐蚀防护措施评价

根据火驱采油中的典型腐蚀环境，结合多种材质腐蚀行为的研究结果，给出火驱采油系统中典型设备的选材建议，并对几种典型腐蚀防护涂覆层和缓蚀剂在 CO_2+H_2S 和 $CO_2+H_2S+O_2$ 环境中的耐蚀性能进行评价。

6.1 火驱采油中的选材

根据火驱采油中的工况条件，结合相关材质耐蚀性能的实验评价结果，给出不同设施的选材及防护措施建议。

6.1.1 油套管选材

6.1.1.1 选材标准

GB/T 19830—2023《石油天然气工业　油气井套管或油管用钢管》规范中从制造方法、材料要求、尺寸、质量、公差、产品端部、缺陷、接箍、检验和试验角度对井下油套管提出了相关要求。对于 CO_2 环境中的油套管选材，NACE RP0775—2005 标准中第五部分依据碳钢的挂片结果将腐蚀分为低、中、高、严重四个等级，具体数值见表 6.1。对于 CO_2 腐蚀而言，一般随着腐蚀时间的延长，腐蚀速率会因腐蚀产物的沉积而逐渐降低，但表 6.1 的指标中并未给出腐蚀的测试时长。此外，表 6.1 是针对碳钢设备体系提出的速率，在进行材质选择时，应尽可能就实际工况进行相关试验。

表 6.1　NACE RP0775—2005 标准油气生产系统碳钢腐蚀程度分类

腐蚀程度	均匀腐蚀速率		最大点蚀速率	
	mm/a	mil/a	mm/a	mil/a
低	＜0.025	＜1.0	＜0.13	＜5.0
中	0.025～0.12	1.0～4.9	0.3～0.20	5.0～7.9
高	0.13～0.25	5.0～10	0.21～0.38	8.0～15
严重	＞0.25	＞10	＞0.38	＞15

在含 H_2S 的气氛中，GB/T 20972.1—2007《石油天然气工业 油气开采中用于含硫化氢环境的材料 第1部分：选择抗裂纹材料的一般原则》给出了油气开采中用于含硫化氢环境中的材料选择依据。如图6.1所示，如果工况环境位于0区，通常情况下不需要专门的预防措施来选择使用的钢材，但是高敏感性钢可能会开裂。此外，钢的物理性能和冶金性能也可能影响到它固有的抗SCC（应力腐蚀开裂）性能。如在屈服强度高于965MPa以上时，可能需要注意钢材的化学成分和处理以保证在0区不出现SCC，应力集中会增加开裂风险；对于在1区的钢材可按照ANSI/NACE MR0175/ISO 15156—2015第A.2、A.3或A.4节的要求进行选择；对于2区的钢材可按照ANSI/NACE MR0175/ISO 15156—2015第A.2、A.3的要求进行选择；对于3区的钢材可按照ANSI/NACE MR0175/ISO 15156—2015第A.2节的要求进行选择。如果在ANSI/NACE MR0175/ISO 15156—2015附录A中没有合适的选择，碳钢和低合金钢可以在特定的酸性工作环境或在已给出的某个SCC区域进行试验和评定。

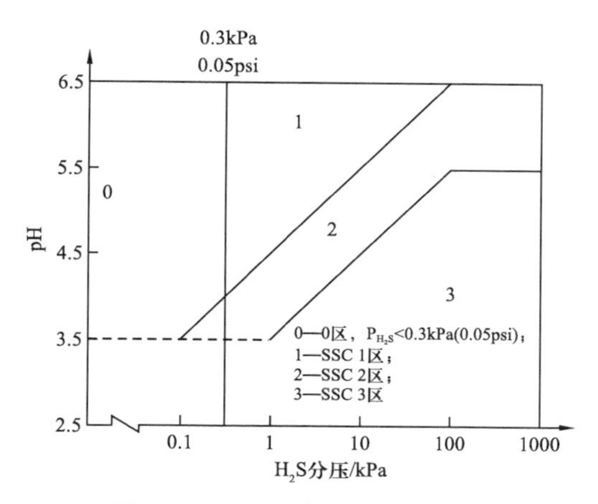

图6.1 SCC环境严重程度分区

6.1.1.2 火驱采油常用油套管材质

普通API标准N80、P110钢级套管，通常为C−Mn系调质钢，其热稳定性差。稠油热采井套管材质的设计要达到提高套管的热稳定性，以及套管螺纹在受热膨胀而导致的压缩状态下密封能力的要求。因此，稠油热采井套管材质以中碳Cr−Mo系调质钢为基础，添加微量的晶界强化元素，在保证钢种淬透性的基础上，实现耐热低膨胀的目标。碳、锰、铬、钼的合理配比及适宜的碳当量设计可以保证材料所需的淬透性。尽可能降低杂质元素及冶金缺陷对晶界的弱化，在合金中添加能提高晶界扩散激活能的溶质元素，强化晶界，阻止晶界滑移，并提高晶界裂纹的表面能，可以提高材料的耐热性能。通过添加稀土元素提高耐热钢的蠕变强度、抗热疲劳性能等。同时添加提高材料的熔点、硬度和弹性模量的合金元素降低钢的线膨胀系数。在该类材料设计时，还需保证良好的强韧性匹配。

（1）非API规格稠油热采井专用管。

天津钢管有限责任公司通过与油田合作，专门设计开发了稠油热采井专用套管TP90H[57]。TP90H套管为非API系列Cr−Mo钢，热稳定性优于普通N80套管，在350℃环境温度下，其屈服强度的下降率明显低于N80套管。TP90H套管的使用性能优良，部分性能指标超过了同规格的P110套管，模拟试验中至少能承受6轮注蒸汽吞吐。TP90H套管能承受的热应力达到640MPa，而普通N80套管只能承受518MPa热应力的作用。此外，该套管还具有较好的抗挤毁、抗错断变形的能力，具有较高强度和良好韧性，抗射孔变形的能力也较强。

TP100H 套管的屈服强度为 720～920MPa，高于 N80 套管屈服强度，具有良好的抗高温变形能力，实际承载能力、抵抗热变形能力也优于 N80 套管。TP110H 套管在 375℃温度下承受 700MPa 的应力才出现变形，TP120TH 套管在 600MPa 和 700MPa 两种载荷条件下可经受 6 次拉－压循环[58-59]（压应力在 350℃的温度下施加）。

（2）非 API 标准规格稠油热采井 3Cr 专用管。

大量研究证明，较普通套管而言，Cr 含量 3% 的套管产品具有良好的抗 CO_2、H_2S 和 Cl^- 腐蚀性能，是一种价格适中的“经济型”非 API 系列油套管产品。因此，试制了火驱采油套管用钢，在 Cr 含量 3% 的基础上进行成分调整，复合添加 Mo、W、V 等合金元素提高材料的耐热性能。开发的 BG80H-3Cr 套管室温力学性能优良，在室温至 450℃的使用温度范围内，屈服强度仍在 API 标准的 N80 钢级范围，在 500℃屈服强度大于 500MPa；BG80H-3Cr 套管材料在整个基体上析出大量纳米级细小的碳化物颗粒，有助于提高材料的持久强度。在 550℃运行 10000h，该材料高温持久强度为 169MPa，在 400℃加载 250MPa 的条件下未发生蠕变。BG80H-3Cr 套管试样在 550℃空气介质下的氧化速率为 0.01g/（m^2·h），氧化 60d 后表面形成了较为致密的 Fe_2O_3 氧化物，具有较高的抗高温氧化腐蚀能力。BG80H-3Cr 套管的抗 CO_2 腐蚀能力与普通 N80 套管相比提高 11 倍。在模拟井况条件下的 2 年腐蚀速度为 0.1mm/a，未发生硫化氢应力腐蚀开裂，具有优良的抗二氧化碳腐蚀的能力和抗硫性能[60]。

（3）9Cr 套管。

国内外各大钢管生产厂家研发的 9Cr-1Mo 油套管，在井下 H_2S、CO_2 腐蚀环境，具有良好的抗局部腐蚀、点蚀、缝隙腐蚀能力。在施加应力为 70%AYS，80ksi 钢级的 9Cr-1Mo 材料在 H_2S 分压达 10kPa，pH 值不低于 3.5 的环境中对 SSC 不敏感。当施加应力为 85%AYS，临界 H_2S 分压为 5kPa。

（4）超级 13Cr 油套管。

超级 13Cr 马氏体不锈钢油套管材质是在普通 API 5CT 13%Cr 钢中加入了 Ni、Mo、Cu 等合金元素。相比于普通 13Cr 不锈钢而言，该类材料具有高强度和高的低温韧性及抗腐蚀的特点。经过改进的超级 13Cr 马氏体不锈钢在直到 180℃的高温 CO_2 腐蚀环境中仍具有良好的均匀和局部腐蚀抗力，同时具有一定的抗 H_2S 应力腐蚀开裂的能力（临界 H_2S 分压为 10kPa）。

对于火驱注气系统，第 3 章针对火驱常规注气和点火两种典型工况开展了氧腐蚀行为评价。结果表明，在注气井干空气氧腐蚀环境中，N80、90H、90H-3Cr、90H-9Cr、90H-13Cr 完井管柱材质的氧均匀腐蚀速率依次减小，但均在可接受的范围以内，也并未出现明显局部腐蚀（点蚀）现象；在注气井湿空气腐蚀环境中，N80、90H、90H-3Cr、

90H−9Cr和90H−13Cr完井管柱材质的均匀腐蚀速率同样依次减小，也在可接受的范围内。但在该模拟条件下，N80、90H、90H−3Cr、90H−9Cr均出现不同程度的局部腐蚀（点蚀），N80的最大点蚀速率高达5.3655mm/a。若完井管柱选用N80、90H、90H−3Cr，必须采取一定的防腐蚀措施。

对于火驱采出系统，第5章的腐蚀模拟实验评价表明，在CO_2+H_2S腐蚀条件下，碳钢及合金钢的腐蚀速率在120℃出现最大值，六种油套管用钢的腐蚀速率大小为：N80＞90H＞90H−3Cr＞90H−9Cr＞90H−13Cr＞15Cr−125。根据均匀腐蚀速率判据（0.2mm/a），N80、90H两种材料在120℃时的CO_2+H_2S腐蚀速率偏大，在实际应用过程中需采取一定的防腐蚀措施。N80、90H、90H−3Cr和90H−9Cr四种材料在100～120℃、大于180℃环境中的局部腐蚀较为严重，但在150～180℃，局部腐蚀轻微。对于90H−13Cr和15Cr−12513Cr来说，其在所研究温度范围内，局部腐蚀轻微，具有良好的抗CO_2+H_2S局部腐蚀性能。

对于火驱采出系统，第5章的研究结果表明，在CO_2+H_2S+O_2腐蚀条件下，油套管材料的最大腐蚀速率峰值对应的温度出现在150℃左右，碳钢及低合金钢的腐蚀速率要远高于高合金钢及马氏体不锈钢。少量Cr元素的添加（质量分数3%）并没有明显改善低Cr钢的抗CO_2+H_2S+O_2均匀腐蚀能力。根据均匀腐蚀速率判据，碳钢及低合金钢在50℃、120℃及150℃时的CO_2+H_2S+O_2腐蚀速率偏大，而高合金钢及马氏体不锈钢则具有良好的抗CO_2+H_2S+O_2均匀腐蚀性能。在120～150℃，尽管碳钢的腐蚀产物膜具有一定保护性，但局部腐蚀最为严重。而对于马氏体不锈钢来说，在中温条件下，更容易发生点蚀，但其点蚀坑深度较小，最大仅为10μm。

6.1.2 集输系统选材

6.1.2.1 选材标准

GB/T 3091—2015《低压流体输送用焊接钢管》、SY/T 5037—2018《普通流体输送用埋弧焊钢管》、API Spec 5L《管线钢规范》等从尺寸、外形、重量、长度、技术指标、检验规则等角度对低压流体输送用焊接钢管提出了相关要求。

对于油气田集输管材，早期以20号钢为主，未有重大事故发生。随着高压高含硫油气田的开发，油气田的集输管材逐渐采用B级和C级钢管。ISO 15156《石油和天然气工业—用于含H_2S环境油气生产的材料》、NACE MR0175《酸性油田环境中抗硫化物应力开裂和应力腐蚀开裂的金属》、GB/T 20972.1—2007等给出了油气开采中用于含硫化氢环境中的材料选择依据。

在含H_2S的气氛中，对于碳钢材料，在p_{H_2S}＜0.0003MPa时，通常不需要专门的预防措施来选择使用的钢材，但是高敏感性钢可能会开裂。此外，钢的物理性能和冶金性能也可能影响到它固有的抗 SCC 性能。在 p_{H_2S}>0.0003MPa 时，需要选择抗 SCC 的钢材，必要情况下采用无损超声检测进行批次验证。

6.1.2.2　常用集输管道材质

常见输送管线材料主要包括三类：普通碳钢或低合金钢、不锈钢或耐蚀合金，以及经过表面处理的材质（涂层、镀层、复合管等）。

（1）普通碳钢和低合金钢。

碳钢和低合金钢类是应用最早的集输管材，价格便宜，应用广泛，制造技术成熟，有多种管径可选的优点，缺点是抗腐蚀能力较差。

（2）不锈钢和耐蚀合金。

相对碳钢和低合金钢类材质，不锈钢类材质具有强度高，抗腐蚀能力强的优点，但缺点是成本相对较高。12%Cr 可焊马氏体不锈钢中 Cr 含量为 12%Cr 左右，并加入了 Ni、Mo、Ti 等合金元素。相比于普通马氏体不锈钢来说，这类材料具有良好的可焊性、高强度、低温韧性及改进的抗腐蚀性能的综合特点。在 12%Cr 可焊马氏体不锈钢中，将 C 质量分数减少到 0.01% 以下，可抑制基体中的 Cr 元素析出成铬的碳化物；添加 6.5%左右的 Ni 可获得单相马氏体，并提高其可焊性；同时在钢材中加入微量的合金元素（例如 Mo、Ti、Nb、V 等），Mo 元素起到细化晶粒、提高材料的抗 H_2S 应力腐蚀开裂和局部腐蚀抗力；而 Ti、Nb、V 等强碳化物形成元素的加入有利于形成弥散分布的碳化物颗粒，抑制碳化物（M23C6）在晶界析出，同时形成高密度的位错结，对位错起到钉扎作用，降低了 12%Cr 马氏体不锈钢抗 H_2S 应力腐蚀开裂敏感性。新开发的低 C−12%Cr 马氏体不锈钢在 150℃的高温 CO_2 腐蚀环境中仍具有良好的抗均匀腐蚀和局部腐蚀的能力，同时具有一定的抗 H_2S 应力腐蚀开裂的能力。

双相不锈钢是由奥氏体和铁素体两相组织以约占 50% 的比例组成，兼具奥氏体不锈钢的优良韧性和良好的加工性、焊接性与铁素体不锈钢较高的强度和耐氯化物腐蚀等性能，其抗点蚀、缝隙腐蚀、应力腐蚀及腐蚀疲劳性能明显优于普通的奥氏体不锈钢，屈服强度可达 400～500MPa，是普通不锈钢的两倍。广泛应用于石油化工设备、输油输气管线等领域。

（3）复合管材质。

目前常用的复合管主要有双金属复合管、玻璃钢内衬复合管和陶瓷内衬复合管。双金属复合管在国外已得到广泛应用，德国 Butting 公司生产的机械复合管、英国 Proclad 公司生产的冶金复合管在世界许多国家得到应用；我国长庆油田靖安首站、大庆油田的注水管道也采用了双金属复合管。

陶瓷内衬复合钢管，从内到外分为 3 层：陶瓷、过渡层和钢材。由于内衬的陶瓷层具有耐磨、耐蚀、耐高温、高强度、高韧性、高抗冲击性和高抗热性等良好的综合性能，能适用于耐磨强度高，甚至更恶劣的环境。

玻璃钢复合材料是很好的有机衬里材料，玻璃钢内衬管具有玻璃钢的耐蚀性能和钢管的强度，尤其适合用作温度和压力较高的集输管道，胜利油田就已较广泛地采用该技术进行油气集输。玻璃钢内衬管具有强度高、耐强酸、碱、盐和卤水腐蚀、电和热绝缘性好等优点，其防腐性能比内涂层要好。玻璃钢内衬管还有保温功能，防止管道内发生结蜡、结垢和水合物堵塞，起到了很好的保温作用。

近年来，双金属复合管的应用逐渐得到重视。牙哈气田 YH23−1+H26 井等单井管道于 2005 年现场试验应用双金属复合管（基体材料为 20G，内衬材料为 AISI316L 不锈钢）。2006 年 4 月 26 日，进行井口解剖观察分析，双金属复合管管体与焊缝结构完整，不锈钢内衬光亮，无明显腐蚀痕迹，耐蚀性能较好。目前，已在雅克拉 Y5 井试验应用双金属复合管（16Mn+316 不锈钢），2008 年 5 月投入运行，至今未发现异常。

塔里木迪那 2 气田于 2013 年开始采用双金属复合管（基材 L245NB/ 衬管 316L 不锈钢；或者基材 X60 钢级 L451N/ 衬管 316L 不锈钢）作为集输管线。此双金属复合管通过了实验室实验，但现场使用情况还未进行评估。

2009 年 4 月，Y6 井单井管道高压玻璃钢试验管道投用，该管道设计压力 10MPa，设计温度 85℃，运行压力 8.5MPa，运行温度 60℃，采用承插式连接，管件均为玻璃钢，目前运行正常[61]。

对于火驱地面集输系统，第 5 章的研究结果表明，在 CO_2+H_2S 氛围时 CO_2 主导腐蚀过程，而在 CO_2+H_2S+O_2 氛围中 O_2 是主导因素，H_2S 由于含量较低未对腐蚀过程产生显著影响。油田常用 20G、245S、L360S 材质的均匀腐蚀速率均低于腐蚀速率的判据 0.2mm/a，但均出现较为严重的点蚀，为降低油田的开发成本，可对低碳钢集输管线采取添加缓蚀剂的防腐蚀措施。

6.2 典型表面涂覆层的耐腐蚀性能评价

本节首先对油气田设施表面涂覆层进行简要介绍，然后针对火驱采油中的 CO_2+H_2S 和 CO_2+H_2S+O_2 环境开展 Ni−P 镀层、Ni60 喷焊层、锌镀层和硬铬镀层等表面涂覆层的耐蚀性能评价。

6.2.1 油气田设施的表面涂覆层

在油气田设备表面制备保护性涂覆层，能有效避免金属与腐蚀介质的直接接触，进而抑制或防止腐蚀的发生，是油气田管道及设备普遍采用的一种延长使用寿命的方法。利用浸涂、电镀、化学镀、化学转化膜、热喷涂等技术方法，可在金属表面形成保护性涂覆层，达到防腐蚀的目的。

保护性涂覆层要满足与金属结合力好、组织致密性好、化学稳定性好、电绝缘性能好等要求，要有足够的机械强度和韧性，抗剥离性能好、耐热和耐低温脆性性能好、抗微生物腐蚀，易施工和修复，此外还要具有良好的经济性。

保护性涂覆层从材质上可分为非金属防护层和金属防护层两种类型。非金属防护层主要是隔离性涂层，作用是把金属材料与腐蚀介质隔离开，防止设备因接触腐蚀介质而遭受腐蚀，这类涂层通常致密、均匀、无孔等缺陷，并且与金属基体结合牢固，在油气田的金属防护中被广泛使用。非金属防护层从材质上可分为无机涂层、有机涂层和无机—有机复合涂层三种。无机涂层主要包括搪瓷玻璃、硅酸盐、水泥涂层和化学转化膜涂层等，有机涂层主要包括涂料涂层、塑料涂层和橡胶涂层等，无机－有机复合涂层主要指柔性陶瓷涂料，如赛克 54 柔性陶瓷涂层。金属防护层主要以 Cr、Ni、Zn、Al 等耐腐蚀性能好的材质为主，通过涂、镀、渗的方法，形成喷涂层、化学镀层、碳氮化处理层、渗金属层等。

6.2.2 N80 材质表面镍磷镀层的耐腐蚀性能评价

6.2.2.1 实验工况条件

以油套管常用材质 N80 为例，研究 N80 表面镍磷镀层在高分压 CO_2+H_2S 和 CO_2+H_2S+O_2 条件下（模拟火驱采出气体回注油层工况）的耐腐蚀性能。实验方法见第 2 章，表 6.2 为 CO_2+H_2S 和 CO_2+H_2S+O_2 腐蚀条件。

表 6.2 N80 及镍磷镀层腐蚀条件

工况条件序号	压力 / MPa	温度 / ℃	O_2 含量 / %	H_2S 含量 / (mg/m^3)	CO_2 含量 / %
1	15	40	0	1000	15
2	20	20	0	200	15
3	15	20	1.37	600	15.3
4	20	40	1.37	600	15.3
5	15	60	3	200	10
6	20	60	3	1000	10

实验用溶液模拟现场地层水环境，离子组成见表 6.3 所示，配制溶液的原料为 $CaCl_2$、$MgCl_2$、$NaHCO_3$、Na_2SO_4、NaCl 和蒸馏水。

表 6.3 介质离子组成

离子	Ca^{2+}	Mg^{2+}	Cl^-	CO_3^{2-}	HCO_3^-	SO_4^{2-}	Na^++K^+	矿化度
含量 /(mg/L)	124.87	34.79	3940.05	0.00	1894.37	134.40	3125.56	9254.04

6.2.2.2 镍磷镀层腐蚀行为分析

图 6.2 所示为 N80 钢本体和镍磷镀层在不同工况条件下腐蚀后的形貌。可以看出，N80 本体腐蚀后，底层腐蚀产物膜呈黑色，表层不同程度地分布着黄褐色腐蚀产物膜，腐蚀产物整体呈颗粒堆积状，部分条件下可明显观察到腐蚀产物膜中有孔洞和腐蚀坑存在。相比之下，镍磷镀层表面腐蚀后主要呈黑灰色，少量分布有黄褐色腐蚀产物，腐蚀产物整体均匀、致密，未观察到明显的组织缺陷。

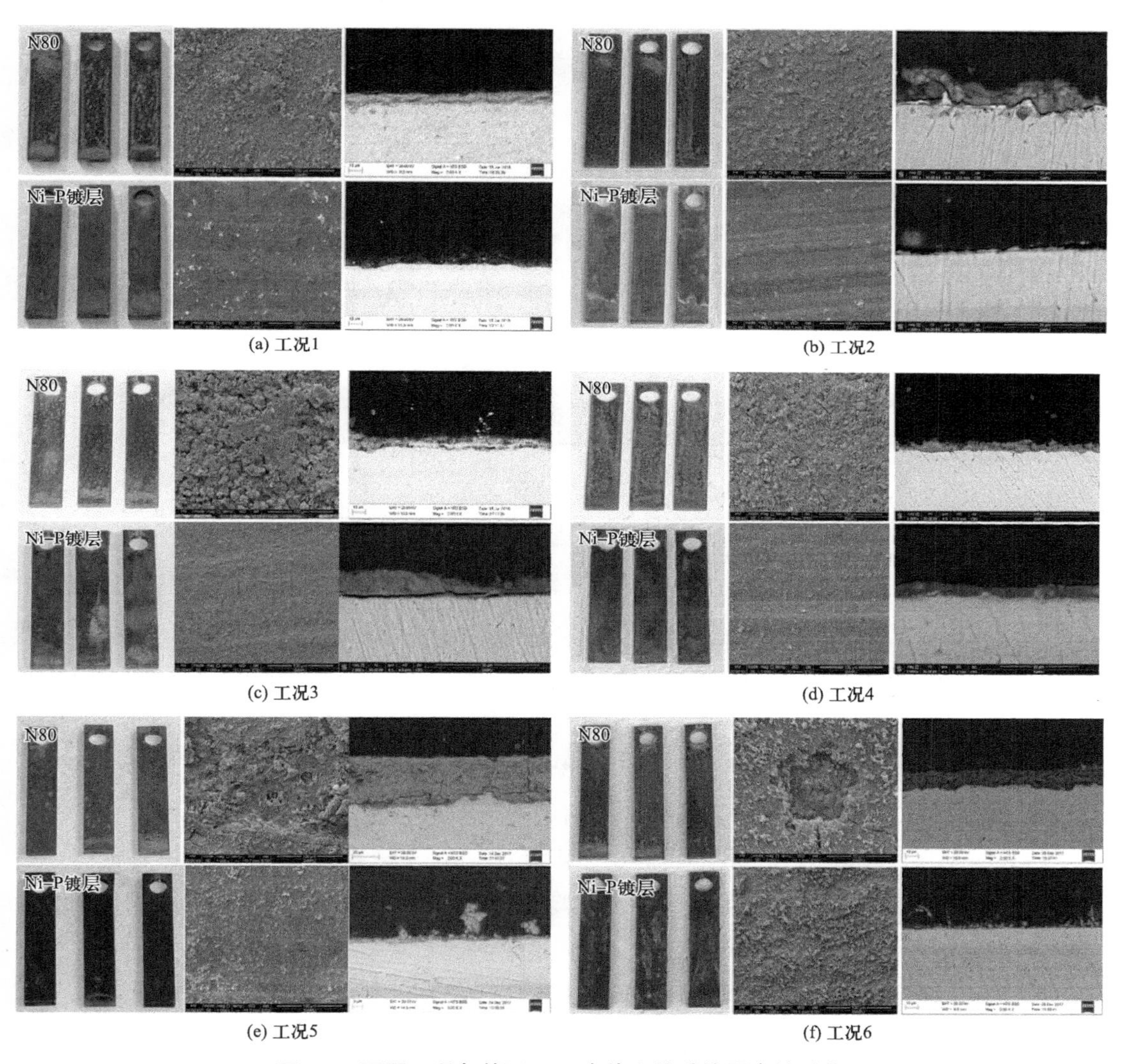

(a) 工况1　(b) 工况2　(c) 工况3　(d) 工况4　(e) 工况5　(f) 工况6

图 6.2　不同工况条件下 N80 本体和镍磷镀层腐蚀形貌

清洗试样表面腐蚀产物膜后观察，发现 N80 钢本体除工况 1 外均有不同程度的点蚀发生，而镍磷镀层除工况 3 外都是均匀腐蚀，且工况 3 的点蚀轻微，明显弱于同等条件下 N80 本体表面的点蚀程度。

6.2.2.3　镍磷镀层耐腐蚀性能及机理

图 6.3 所示为 N80 钢本体和镍磷镀层在不同工况条件下腐蚀速率对比。N80 钢本体在以上条件下的腐蚀速率都较高，均大于 0.076mm/a（参考标准 SY/T 5329—2022《碎屑岩油藏注水水质推荐指标及分析方法》）。随着温度和三种腐蚀性气体分压的提高，腐蚀速率都呈增大的趋势。O_2 的分压有明显的影响，有 O_2 参与的条件下的腐蚀速率比无 O_2 条件要高出数倍，O_2 含量达到 3% 的实验组腐蚀速率都高于 1mm/a。

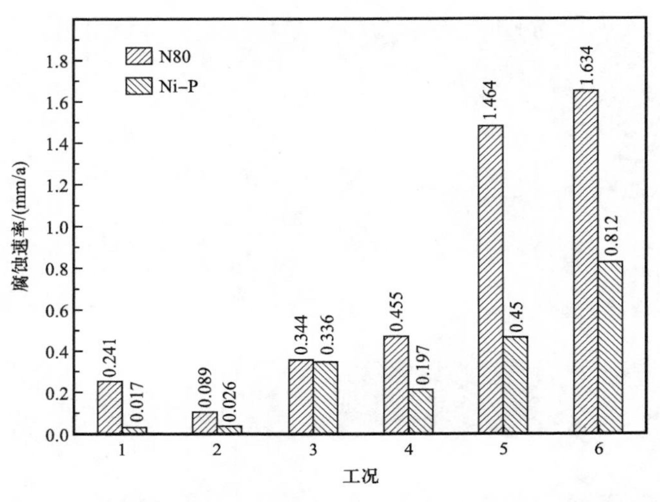

图 6.3　N80 钢本体和镍磷镀层在六种不同工矿条件下腐蚀速率

N80- 镍磷镀层在无 O_2 参与反应的条件下，腐蚀速率低于 0.076mm/a，其余各组均大于 0.076mm/a。随着温度和三种腐蚀性气体分压的提高，腐蚀速率都呈增大的趋势。O_2 的分压也有明显的影响，有 O_2 参与的条件下的腐蚀速率比无 O_2 条件要高出几倍，O_2 含量达到 3% 的实验组腐蚀速率都相对很高，尤其是工况 6（20MPa，60℃，3%O_2）的条件下，腐蚀速率明显急剧升高。而在工况 2（20MPa，20℃，200mg/m^3 H_2S+15%CO_2）条件下，由于温度低，没有 O_2 参与反应，腐蚀速率明显低于其他工况。

表 6.4 所示为 N80 钢本体和镍磷镀层在不同工况条件下腐蚀速率和腐蚀产物汇总。根据回归方程，计算各因素的标准回归系数，发现对镍磷镀层腐蚀速率影响程度从大到小的因素依次是 O_2 分压、CO_2 分压、总压、温度和 H_2S 分压。

对比 N80 钢本体和镍磷镀层的腐蚀速率发现，温度和氧分压升高都会增加 N80 钢本体和镍磷镀层的腐蚀速率，但镍磷镀层对腐蚀速率的降低作用总体看依然显著。无氧条件腐蚀时，镍磷镀层对腐蚀速率的降低作用最为明显，达到了 70.8%～92.9%；高氧含量（3%）条件时，镍磷镀层对腐蚀速率的降低作用同样稳定有效，达到了 50.3%～69.3%；然而，在氧含量（1.37%）条件时，镍磷镀层对腐蚀速率的降低作用在不同条件下明显不同，工况 3 时镍磷镀层腐蚀速率相比 N80 钢仅降低 2.3%，但工况 4 时镍磷镀层腐蚀速率相比 N80 钢却降低 56.7%。如第 5 章 5.5 节所述，低氧含量时，腐蚀产物膜的形成受多种因素影响，易形成不致密、保护性能差的腐蚀产物膜。

表 6.4 不同条件下 N80 钢和镍磷镀层的腐蚀速率和腐蚀产物

工况	N80 本体腐蚀速率 / (mm/a)	镍磷镀层腐蚀速率 / (mm/a)	降低比例 / %	N80 本体腐蚀产物物相	镍磷镀层腐蚀产物物相
1	0.241	0.017	92.9	FeS、$FeCO_3$	NiO、FeS、$Fe_{1-x}S$
2	0.089	0.026	70.8	$FeCO_3$	NiS，Ni_7S_8
3	0.344	0.336	2.3	$FeCO_3$、Fe_3O_4	NiO，Ni_3S_2
4	0.455	0.197	56.7	Fe_3O_4、FeOOH、S、FeS、$Fe(OH)_3$	Ni_2O_3、$Fe_{1-x}S$、FeS_2、S、FeO、NiO
5	1.464	0.450	69.3	$FeCO_3$	Fe_9S_{10}，FeS、Cr_2O_3，$Ni(OH)_2$
6	1.634	0.812	50.3	Fe_2O_3、S、$FeCO_3$	Ni_3S_2

对比 N80 钢本体和镍磷镀层表面腐蚀产物，发现镀层中主要以 Ni 充当阳极反应物，腐蚀产物以 Ni 的氧化物和硫化物为主，如反应式（6.1）至式（6.5）所示；Fe 元素在腐蚀产物中的比例一般不大，反应相对微弱。结合镍磷镀层的腐蚀速率可知，Ni 元素对抑制局部腐蚀起到重要作用。

$$Ni^{3+}+3OH^- \longrightarrow Ni(OH)_3 \tag{6.1}$$

$$2Ni(OH)_3 \longrightarrow Ni_2O_3+3H_2O \tag{6.2}$$

$$Ni+H_2O \longrightarrow NiO+2H^++2e \tag{6.3}$$

$$Ni+H_2S \longrightarrow NiS+H_2 \tag{6.4}$$

$$3Ni+2H_2S \longrightarrow Ni_3S_2+2H_2 \tag{6.5}$$

综上所述，镍磷镀层在 CO_2+H_2S 和 CO_2+H_2S+O_2 中都主要形成光滑致密的黑灰色薄膜，腐蚀产物膜以镍的氧化物和硫化物为主，铁的腐蚀产物相对较少。比较 N80 在相同条件下的腐蚀，镍磷镀层对腐蚀速率的降低作用有效性较高，最多可降低 CO_2+H_2S 腐蚀速率 92.9%，降低 CO_2+H_2S+O_2 腐蚀速率 69.3%，但其降低作用与多种因素有关，温度和 O_2 含量的升高有加快腐蚀速率的趋势。

6.2.3 井口材质表面 Ni60 喷焊层的耐腐蚀性能评价

6.2.3.1 实验工况条件

第 5 章的研究结果显示，CO_2+H_2S 和 CO_2+H_2S+O_2 环境中井口材质在 100℃时的耐腐蚀性能有待提高。对比井口材质35CrMo，喷焊层材料镍基合金Ni60具有良好的耐蚀性和硬度，被广泛应用于井口装置及一些流速较大部件的防腐蚀或防冲蚀腐蚀控制。本节研究Ni60喷焊层在相应条件中的耐蚀性能，实验方法见第2章，实验条件见表6.5所示。

表6.5　实验条件

工况	$H_2S+CO_2+O_2$	H_2S+CO_2
温度/℃	100	
H_2S 分压/MPa	0.009	
CO_2 分压/MPa	0.42	
O_2 分压/MPa	0.03	—
总压/MPa	3	
地层水/（mg/L）	见表6.3	
实验时间/h	168	
流速/（m/s）	2	

6.2.3.2　Ni60喷焊层的 CO_2+H_2S 腐蚀

在 CO_2+H_2S 腐蚀条件下，Ni60腐蚀后试样表面平整，呈黑灰色，如图6.4所示。显微组织显示其表面有一薄层腐蚀产物覆盖物，物相分析发现主要为 $FeCO_3$、Cr_3O 和 Ni_2O_3。清洗后未发现明显点蚀迹象，为均匀腐蚀，如图6.5所示。Ni60材料在此条件下腐蚀速率为0.004mm/a，参照NACE SP 0775—2013标准为轻微腐蚀，低于相同条件下35CrMo的腐蚀速率，略高于相同条件下2Cr13的腐蚀速率。

图6.4　实验后试样表面宏观腐蚀形貌

图6.5　清洗后试样表面宏观腐蚀形貌

6.2.3.3　Ni60喷焊层的 $CO_2+H_2S+O_2$ 腐蚀

在 $CO_2+H_2S+O_2$ 腐蚀条件下，Ni60腐蚀后试样表面平整，呈浅红褐色，如图6.6所示。微观形貌显示其表面有一薄层腐蚀产物覆盖物，物相分析发现主要为Fe的氧化物、$NiCO_3$

和 NiS_2。清洗后未发现明显点蚀迹象，为均匀腐蚀，如图 6.7 所示。Ni60 材料在此条件下腐蚀速率为 0.2044mm/a，参照 NACE SP 0775—2013 标准为严重腐蚀，但低于相同条件下 35CrMo 和 2Cr13 的腐蚀速率。

图 6.6 实验后试样表面宏观腐蚀形貌

图 6.7 清洗后试样表面宏观腐蚀形貌

6.2.3.4 Ni60 喷焊层耐腐蚀性能分析

图 6.8 为 35CrMo 本体和 Ni60 喷焊层在 CO_2+H_2S 和 $CO_2+H_2S+O_2$ 条件下的均匀腐蚀速率对比分析（100℃）。可以看出，在 CO_2+H_2S 和 $CO_2+H_2S+O_2$ 腐蚀条件下，Ni60 的均匀腐蚀速率相比于碳钢材料大幅度下降。图 6.9 为 35CrMo、2Cr13 和 Ni60 试样在 CO_2+H_2S 及 $CO_2+H_2S+O_2$ 相同条件下的微观腐蚀形貌对比分析，Ni60 试样表面未见明显点蚀迹象，具有良好的抗 CO_2+H_2S 及 $CO_2+H_2S+O_2$ 局部腐蚀性能。

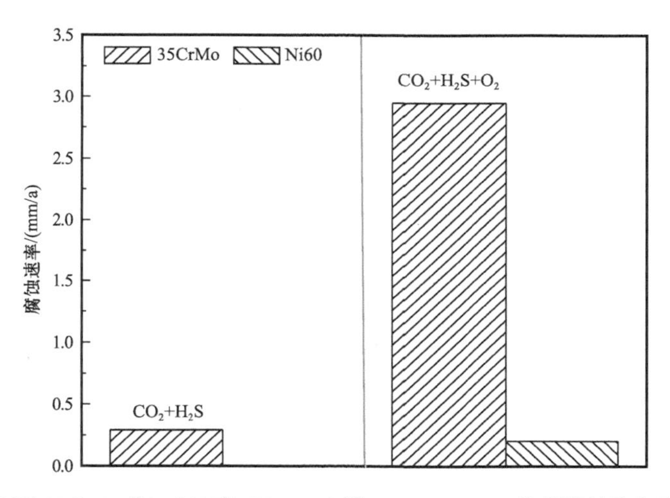

图 6.8 100℃下 35CrMo 和 Ni60 在 CO_2+H_2S 及 $CO_2+H_2S+O_2$ 条件下的均匀腐蚀速率对比

Ni60 喷焊层是典型的 NiCrBSi 系硬质合金，其主要组织为 γ-Ni，碳化物，硼化物及 γ-Ni 和硼化物的共晶。Ni60 喷焊层中 Ni 和 Cr 的总含量可达质量分数 85% 以上，这使得其具有较高自腐蚀电位，因此耐腐蚀性能更好。

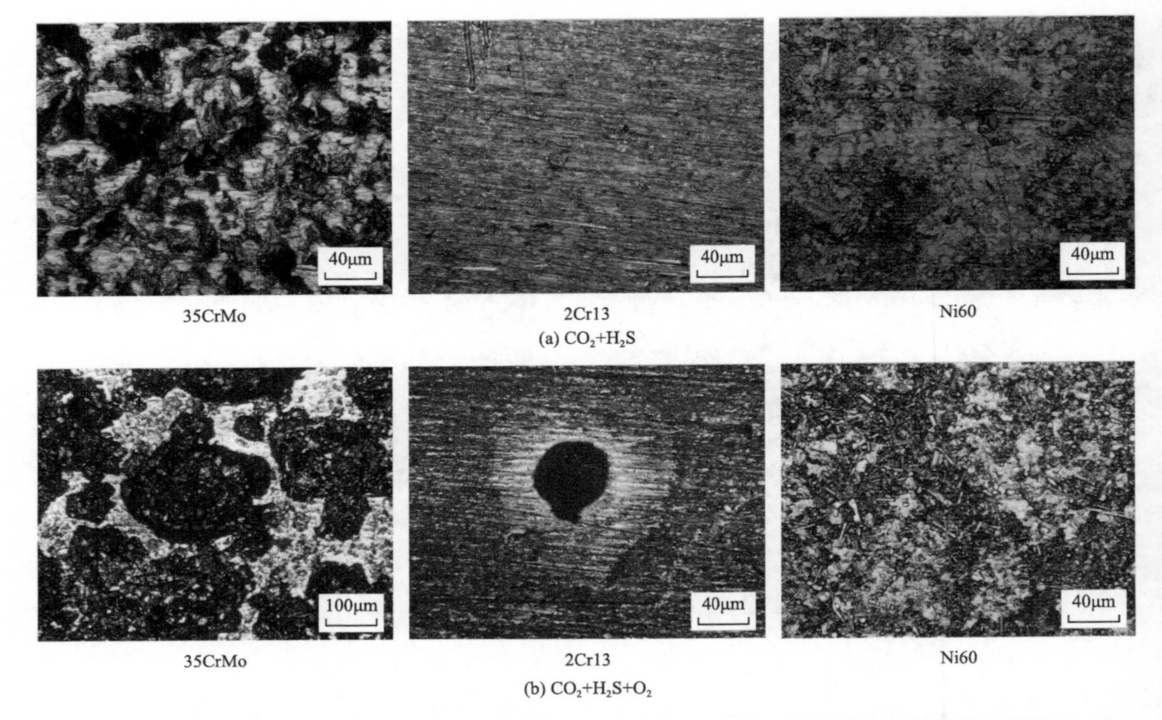

图 6.9 35CrMo、2Cr13 和 Ni60 试样在 CO_2+H_2S 及 $CO_2+H_2S+O_2$ 条件下的微观腐蚀形貌

综上所述，Ni60 堆焊层材料具有良好的抗 CO_2+H_2S 及抗 $CO_2+H_2S+O_2$ 均匀及局部腐蚀性能。抗 CO_2+H_2S 及 $CO_2+H_2S+O_2$ 腐蚀优于 35CrMo 钢，抗 CO_2+H_2S 时与 2Cr13 钢性能接近，在抗 $CO_2+H_2S+O_2$ 腐蚀时优于 2Cr13 钢，可以满足火驱腐蚀工况井口装置的抗腐蚀性能要求。

6.2.4 镀镍磷、镀锌、镀硬铬层的耐蚀性能对比

6.2.4.1 实验条件

评价实验材料选用 45 号钢表面镀镍磷、镀锌、镀硬 Cr 三种镀层和 17−4PH 耐蚀合金（17−4PH 不锈钢，即 0Cr17Ni4Cu4Nb 钢，是一种马氏体沉淀硬化不锈钢。因含碳量较低，耐腐蚀性和可焊性均优于马氏体型不锈钢，接近于某些奥氏体不锈钢。耐大气腐蚀和耐酸腐蚀能力明显优于马氏体不锈钢，而与某些奥氏体不锈钢相当。对氢脆不敏感，但在高强度状态下，在某些介质中可能产生应力腐蚀。该钢在还原性酸，特别是硫酸中耐腐蚀性良好），分别评价其耐腐蚀和耐冲蚀性能。实验方法见第 2 章，腐蚀环境条件见表 6.6，温度为 200℃。

冲蚀实验条件见表 6.7。装上试样后将试验机密封，通入气体，调节流量以保证流速为 6m/s；调节固体流量计，保证砂粒的流量；通入白刚玉砂开始计时，实验时间为 5min

和 10min。实验结束后，将试样从试样架上取下，放入丙酮中清洗振荡 5min 后取出，经热风吹干后称重，计算试样平均壁厚减薄率。实验结果的评价采用平均壁厚减薄率（mm/h）。

表 6.6 实验条件

工况	CO_2+H_2S	$CO_2+H_2S+O_2$
温度 /℃	200	
CO_2 分压 /MPa	0.42	
H_2S 分压 /MPa	0.009	
O_2 分压 /MPa	0	0.03
总压 /MPa	3	
地层水 /（mg/L）	见表 6.3	
实验时间 /h	168	
流速 /（m/s）	2	
含砂量 /（g/L）	—	10（粒度参照表 5.10）

表 6.7 冲蚀实验条件

实验材料	镀镍磷、镀锌、镀硬 Cr、17−4PH
含砂量 /（g/min）	30（<0.1%）
攻角 /（°）	45
温度 /℃	25
流速 /（m/s）	6
实验时间 /min	5/10

6.2.4.2 镀层的 CO_2+H_2S 腐蚀分析

图 6.10 所示为 CO_2+H_2S 环境中镍磷镀层、镀锌层、镀硬 Cr 层三种镀层材料和 17−4PH 耐蚀合金腐蚀后的形貌。四种材料表面主要呈黑灰色或灰色，镀硬 Cr 层表面有黄褐色腐蚀产物分布。观察发现四种材料表面均有腐蚀产物覆盖，其中镍磷镀和镀锌试样表面腐蚀产物较厚，表面有大小不一的颗粒状产物，17−4PH 耐蚀合金腐蚀产物最少，可看见打磨痕迹。物相分析发现，镍磷镀腐蚀产物主要为镍的硫化物，镀锌腐蚀产物主要为 ZnS，镀硬 Cr 腐蚀产物主要为 Fe_9S_{11}，17−4PH 耐蚀合金腐蚀产物主要为 $FeCO_3$ 和 FeS。

清洗表面产物后可见，镀硬 Cr 试样表面整体都发生了腐蚀，表面呈龟裂状，镍磷镀表面呈蜂窝状，镀锌层和 17−4PH 耐蚀合金试样表面腐蚀较轻，可见加工痕迹。所有试样表面均未发生明显的局部腐蚀。

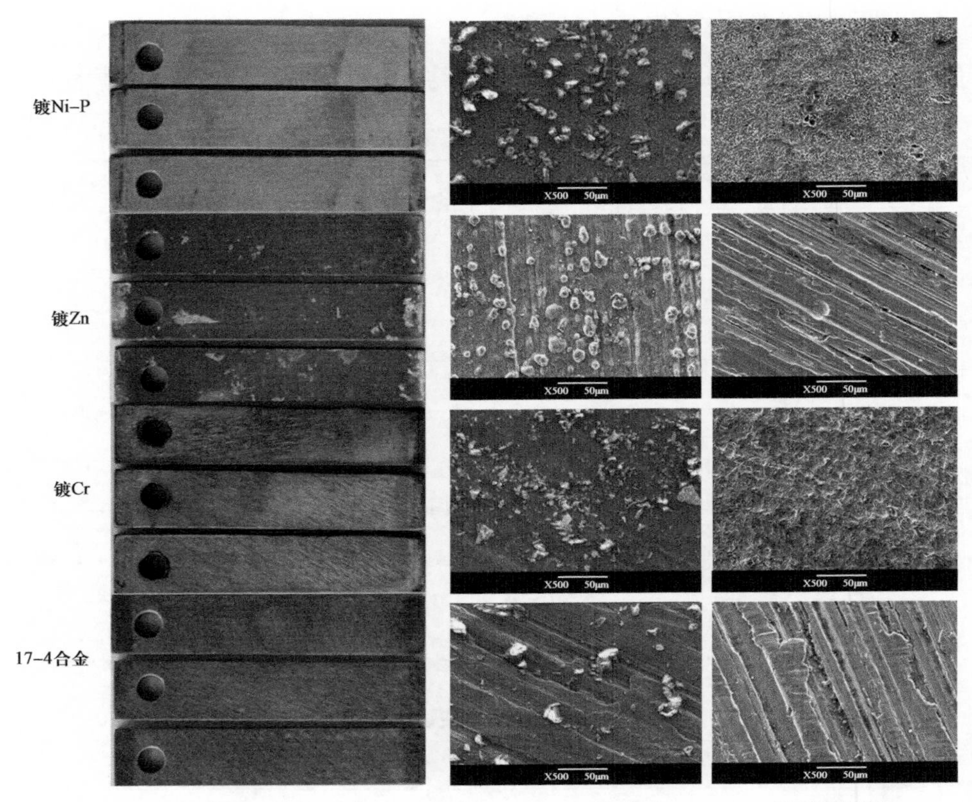

图 6.10　镍磷镀、镀锌、镀硬 Cr 层和 17-4PH 耐蚀合金 CO_2+H_2S 腐蚀后形貌

图 6.11 所示为 CO_2+H_2S 环境中镍磷镀层、镀锌层、镀硬 Cr 层三种镀层材料和 17-4PH 耐蚀合金腐蚀速率。镀锌在此条件下腐蚀速率最大，为 0.2206mm/a，其次是镀硬 Cr，腐蚀速率为 0.2139mm/a，镍磷镀层清洗后增重，说明镍磷镀层没有腐蚀。17-4PH 耐蚀合金的腐蚀速率最小，为 0.0049mm/a。参照 NACE SP 0775—2013 标准，镀锌和镀硬 Cr 为严重腐蚀，镍磷镀层和 17-4PH 耐蚀合金为轻度腐蚀。

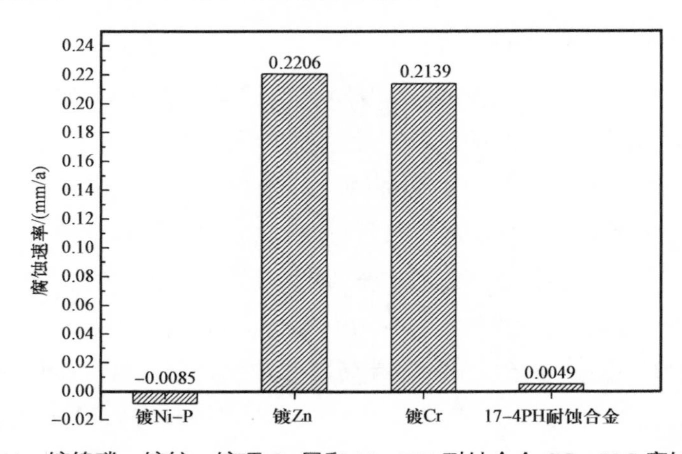

图 6.11　镀镍磷、镀锌、镀硬 Cr 层和 17-4PH 耐蚀合金 CO_2+H_2S 腐蚀速率

6.2.4.3 镀层的 $CO_2+H_2S+O_2$ 腐蚀分析

图 6.12 所示为 $CO_2+H_2S+O_2$ 环境中镀镍磷层、镀锌层、镀硬 Cr 层三种镀层材料和 17−4PH 耐蚀合金腐蚀后的形貌。镀镍磷和 17−4PH 耐蚀合金试样表面腐蚀产物较少且均匀分布，镀锌和镀硬 Cr 试样表面腐蚀产物不均匀，局部可见黄色腐蚀产物。清洗后可见，镀镍磷和 17−4PH 耐蚀合金试样表面光滑、腐蚀痕迹很少，镀硬 Cr 试样表面局部腐蚀严重，镀锌试样表面可见金属光泽。

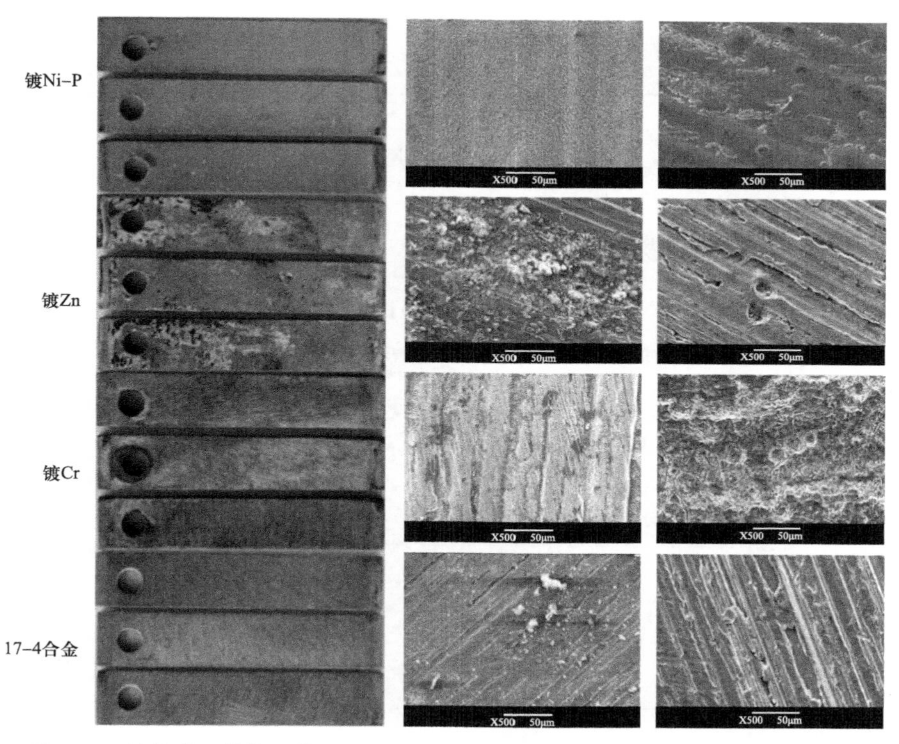

图 6.12 镀镍磷、镀锌、镀硬 Cr 层和 17−4PH 耐蚀合金 $CO_2+H_2S+O_2$ 腐蚀形貌

观察腐蚀产物的微观形貌可知，四种材料表面均有腐蚀产物覆盖。17−4PH 耐蚀合金腐蚀产物最少，可看见打磨痕迹；镀锌试样表面有大小不一的颗粒状腐蚀产物覆盖；镀硬 Cr 层表面腐蚀产物均匀致密；镀镍磷试样表面腐蚀产物层致密、可见加工痕迹。物相分析发现，镀镍磷腐蚀产物主要为 NiP_4O_{11} 和 Ni_3S_2，镀锌腐蚀产物主要为 ZnO 和 $ZnCO_3$，镀硬 Cr 腐蚀产物主要为 Cr 和 ZnS，17−4PH 耐蚀合金腐蚀产物主要为 Fe_3O_4。

图 6.13 所示为 $CO_2+H_2S+O_2$ 环境中镀镍磷层、镀锌层、镀硬 Cr 层三种镀层材料和 17−4PH 耐蚀合金腐蚀速率。镀硬 Cr 腐蚀速率最大，为 0.3461mm/a；其次是镀锌，腐蚀速率为 0.2206mm/a，镀镍磷和 17−4PH 耐蚀合金的腐蚀速率均较小。参照 NACE SP 0775—2013 标准，镀硬 Cr 为极严重腐蚀，镀锌为严重腐蚀，镀镍磷和 17−4PH 耐蚀合金为轻度腐蚀。

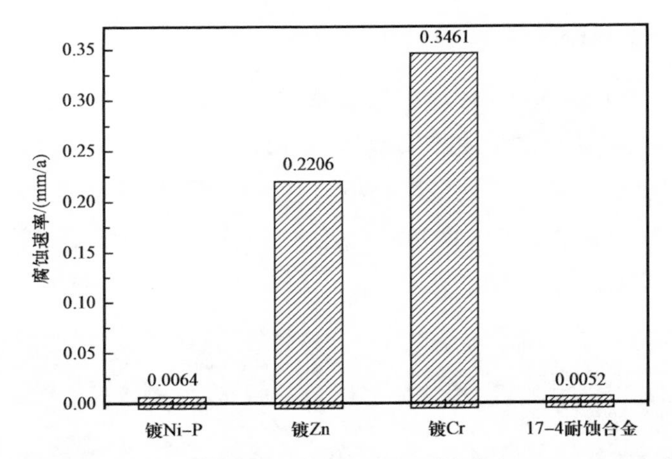

图 6.13　镀镍磷、镀锌、镀硬 Cr 层和 17−4PH 耐蚀合金 $CO_2+H_2S+O_2$ 腐蚀速率

6.2.4.4　镀层的耐蚀性能及机理

图 6.14 为镀镍磷、镀锌、镀硬 Cr 和 17−4PH 不锈钢材料在 $CO_2+H_2S+O_2$ 和 CO_2+H_2S 条件下的均匀腐蚀速率与相同条件下与 9Cr18Mo、45 号钢和 20CrMo 的对比。由图可见，镀硬 Cr 和镀锌层的腐蚀速率较大（＞0.2mm/a），高于同等实验条件下基体材料的腐蚀速率（45 号钢），而镀镍磷和 17−4PH 耐蚀合金的腐蚀速率接近，远低于 0.2mm/a，具有良好的抗 $CO_2+H_2S+O_2$ 和 CO_2+H_2S 腐蚀性能。

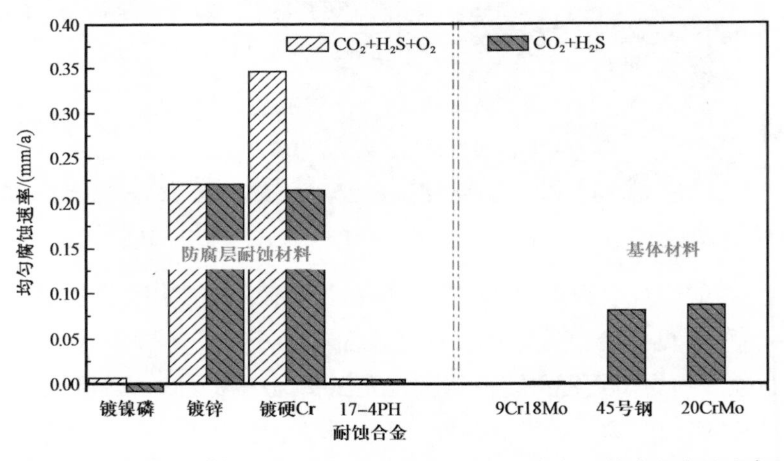

图 6.14　镀层及耐蚀材料在 $CO_2+H_2S+O_2$ 和 CO_2+H_2S 条件下的均匀腐蚀速率对比

对于镀锌和镀硬 Cr 来说，在标准条件下，锌的标准电极电位为 −0.762V，Cr 的标准电极电位为 −0.931V，而 Fe 的标准电极电位为 −0.44V，因此对于抽油泵、抽油杆、光杆的基体材质钢铁而言，Zn 和 Cr 属于阳极性镀层，能提供可靠的电化学保护（牺牲阳极）。同时，由于氢在铁上的超电压比其在锌上的超电压小，在锌上氢离子与电子的交换较铁上的交换难（即锌极上交换电流密度小），故铁比锌的腐蚀速度大。这就是人们常利用锌作

为钢铁材料保护层的主要原因。而 Cr 为钝化性能较强的金属，在钢铁表面形成钝化膜后可显著降低材料的腐蚀速率。但上述分析结果表明，镀锌和镀硬 Cr 层的腐蚀速率仍要高于基体钢铁材料，并未表现出腐蚀速率下降的现象（镀层金属快速消耗，阴极保护效应下降）。这可能与电镀工艺有关，同时，镀层的不均匀性及镀层材质的纯净度也影响到其腐蚀速率大小（如某些正电性金属杂质的存在，促进氢的析出，加快镀层金属的溶解）。例如，镀硬 Cr 层通常只有达到一定厚度时才具有较好的耐腐蚀性，一般要求应在 12μm 以上，而本实验选用的镀 Cr 层厚度仅为 10μm 左右，且镀层不均匀。

在镀镍磷层中，磷含量低时，以镍为基体的固溶体具有强烈的耐腐蚀性能。随着 Ni−P 合金镀层中磷含量的增加，镀层组织由结晶态向非结晶态转化，最终形成均一的单相非晶组织，不存在晶界错位等组织缺陷和化学成分偏析，具有较强的抗电化学腐蚀作用。但对于 Ni−P 化学镀层来说，应严格控制化学镀的工艺过程，避免镀层中出现针孔，因为这可能会导致基体材料发生较为严重的局部腐蚀。

6.3 火驱采油中典型缓蚀剂的性能评价

本节首先对油气田用缓蚀剂进行概述，然后研究缓蚀剂对地面集输管线和油套管材质在 CO_2+H_2S 和 $CO_2+H_2S+O_2$ 环境中的腐蚀行为的影响，评价缓蚀剂的缓蚀效果。

6.3.1 油田用缓蚀剂概述

美国材料与试验协会《关于腐蚀和腐蚀试验术语的标准定义》中，缓蚀剂是“一种以适当的浓度和形式存在于环境（介质）中时，可以防止或减缓腐蚀的化学物质或几种化学物质的混合物”。缓蚀剂是油田生产中常用的防护措施，缓蚀剂的保护效果与腐蚀介质的性质、温度、流动状态、被保护材料的种类和性质，以及缓蚀剂本身的种类和剂量等有着密切的关系。也就是说，缓蚀剂保护是有严格的选择性的。对某种介质和金属具有良好保护作用的缓蚀剂，对另一种介质或另一种金属不一定有同样的效果；在某种条件下保护效果很好，而在别的条件下却可能保护效果很差，甚至还会加速腐蚀。一般说来，缓蚀剂应该用于循环系统，以减少缓蚀剂的流失。同时，在应用中缓蚀剂对产品质量有无影响、对生产过程有无堵塞、起泡等副作用，以及成本的高低等，都应全面考虑。

6.3.1.1 缓蚀剂的缓蚀机理

按照缓蚀剂所形成的保护膜特征可将缓蚀剂划分为氧化膜型缓蚀剂、沉淀膜型缓蚀剂和吸附膜型缓蚀剂。按照缓蚀剂的作用机理划分，可分为阳极型缓蚀剂、阴极型缓蚀剂和混合型缓蚀剂。

阳极型缓蚀剂主要是通过在金属表面阳极区与金属离子作用，生成氧化物或氢氧化物氧化膜覆盖在阳极上形成保护膜，抑制了金属向水中溶解。阳极型缓蚀剂多为无机强氧化剂。阳极型缓蚀剂要求有较高的浓度，以使全部阳极都被钝化，一旦剂量不足，将在未被钝化的部位造成点蚀。阴极型缓蚀剂主要是通过在水中与金属表面的阴极区反应，其反应产物在阴极沉积成膜，随着膜的增厚，阴极释放电子的反应被阻挡。常见的阴极型缓蚀剂有锌的碳酸盐、磷酸盐和氢氧化物等。混合型缓蚀剂的分子中有两种性质相反的极性基团，能吸附在清洁的金属表面形成单分子膜，它们既能在阳极成膜，也能在阴极成膜，阻止水与水中溶解氧向金属表面的扩散，从而起到缓蚀作用。常见类型有羟基苯并噻唑、苯并三唑等。

6.3.1.2 影响缓蚀剂性能的因素

影响缓蚀剂缓蚀性能的因素很多，外部条件和缓蚀剂结构等都会对缓蚀剂的缓蚀性能造成很大影响，而处于复杂环境下的金属设施，因腐蚀介质和环境不同，腐蚀将会有很大的差别。因此针对不同的条件选用不同类型的缓蚀剂，对油气田的防腐非常重要。

（1）温度的影响。

温度对缓蚀剂缓蚀效率的影响主要取决于缓蚀剂的种类、结构及缓蚀的机理。对于有机缓蚀剂，不同温度范围影响机理不同。温度较低时，随着温度的升高，缓蚀剂的烃链部分迅速溶解，导致缓蚀剂膜厚度减小或者孔密度增大，缓蚀率降低；当温度超过某一限度，在金属表面形成一层致密的腐蚀产物膜，起到隔离作用；当温度过高时，缓蚀剂可能发生热分解，完全失去缓蚀作用。而无机类缓蚀剂，如果缓蚀剂通过高温激活起缓蚀作用，则受温度的影响较大，如果是通过腐蚀反应或其他化学反应激活起缓蚀作用，则受温度的影响较小。

（2）缓蚀剂浓度的影响。

一般情况下，缓蚀剂的浓度越高，缓蚀效率就越高。在低浓度时，缓蚀剂活性组分的浓度也较低，在金属表面不易形成致密的保护膜，吸附能力也下降。随着浓度的增大，形成的保护膜完整致密，具有很强的吸附能力，缓蚀效率明显提高。但当达到一定的浓度后，再提高缓蚀剂的浓度，缓蚀效率提高缓慢甚至会略有下降。王佳、曹楚南等[62]对 Fe 在含有二丙炔氧甲基十胺的硫酸溶液进行研究时还发现了吸附型缓蚀剂的阳极脱附现象。

（3）腐蚀产物膜的影响。

完整致密的腐蚀产物膜对金属有保护作用，不连续疏松的腐蚀产物膜则容易导致金属的局部腐蚀。流体的流动状态和流速影响腐蚀产物膜的剪切应力和膜生长过程中的内应力，容易使产物膜产生裂纹甚至脱落，从而诱发局部腐蚀的发生。Sayed 等[63]研究表明：pH=6.5 时，缓蚀剂在无腐蚀的金属表面迅速起作用，但在同样条件下，缓蚀剂在预腐蚀金属表面上的缓蚀效果下降。而 Malik[64]的试验结果表明在有预腐蚀产物存在时，一些小分子缓蚀剂在腐蚀产物膜上能更快地表现出良好的缓蚀效果。

（4）介质协同效应的影响。

介质的影响与其所含的离子种类有关，特别是与阴离子的种类有关。Murakawa 等[65]发现活性阴离子与化合物作用，特别是同有机胺合用，有较好的缓蚀效果。不同的阴离子对钢表面的活化能力不同，结果导致进入钢内部的氢浓度不同。一些阴离子的活化能力次序为：$I^- > Br^- > Cl^- > SO_4^{2-} > ClO_4^-$。

6.3.1.3 油田常用缓蚀剂

目前我国使用的缓蚀剂主要有咪唑啉、曼尼希碱及季铵盐几大类。多是由氧、氮、硫等易提供孤对电子的原子或不饱和键的活性基团分子构成的化合物。其中，咪唑啉类缓蚀剂对盐酸中的碳钢等金属有良好的缓蚀功效，曼尼希碱则多作为高温浓盐酸等酸化作业中防止管道腐蚀的缓蚀剂而受到各方的重视。

（1）咪唑啉是含两个氮原子的五元杂环化合物，其母体结构是咪唑，二氢代咪唑被命名为咪唑啉，其杂环大小与咪唑一致。咪唑啉作为缓蚀剂，对碳钢等金属在盐酸介质中有很好的缓蚀功效，当金属与酸性介质接触时，可以在金属表面形成单分子吸附膜，以改变氢离子的氧化还原电位，也可以络合溶液中的某些氧化剂，降低其电位来达到缓蚀的目的。咪唑啉无特殊的刺激性气味、热稳定性好、低毒性，缓蚀性能优越、生物降解迅速，对人体的刺激性极低，同时有良好的乳化力、杀菌力、起泡力、渗透力等特点，应用广泛。

（2）曼尼希碱通常由曼尼希反应及胺甲基化反应制得。缓蚀效果好，合成工艺简单，结构稳定，成本低，酸溶性强，且抗温抗酸性能好，是新型酸化缓蚀剂的典型，具有良好的开发价值和工业发展前景。曼尼希碱缓蚀剂是一种典型的吸附膜型缓蚀剂，该类缓蚀剂都由醛酮胺缩合而成。它们分子中的N、O、苯环等吸附中心通过提供孤对电子或非配位原子，促使形成结果稳定的螯合物配位体，配位原子与金属原子或离子发生络合作用，产生的环状结构的螯合物能够吸附在金属介质表面上，阻碍了金属表面腐蚀反应的进行，从而减小腐蚀速率，达到缓蚀的目的。

（3）季铵盐，又称四级铵盐，也就是铵离子中的四个氢原子都被烃基取代形成的化合物，主要通过氨或胺与卤代烷反应制得。季铵盐溶于水，有带正电的铵根离子，易吸附于固—液、固—气界面上，在金属表面吸附会抑制金属腐蚀反应，产生缓蚀效果。

6.3.1.4 缓蚀剂使用方法

在油气生产过程中，缓蚀剂被广泛用于减轻二氧化碳和硫化氢造成的腐蚀。缓蚀剂注入方式包括连续注入和定期批量注入。缓蚀剂加注工艺由两部分组成，其一是预膜工艺，其二是正常加注工艺。

预膜工艺的目的是要在钢材表面形成一层浸润保护膜。对于液相缓蚀剂这层浸润膜是为正常加注提供缓蚀剂成膜条件；对于气相缓蚀剂这层浸润膜就是一层基础保护膜，正常加注仅仅是起到修复和补充缓蚀剂膜的作用。预膜工艺所加注的缓蚀剂量一般为正常加注的 10 倍以上。预膜工艺一般在新井或新管线投产时，或正常加注了一个周期以后才采用，对于采气井一般采用高压泵灌注预膜，对于管线则采用在清管球前加一般缓蚀剂挤涂预膜。

一般情况下，缓蚀剂加注工艺指正常加注工艺，以下讨论四种正常加注工艺。

（1）滴注工艺。从 20 世纪 60 年代以来，在四川各个酸性气田井口及管线上广泛采用滴注工艺，其工艺框图如图 6.15 所示，其工艺流程为：设置在井口（或管线）上面高差 1m 以上的高压平衡罐内的缓蚀剂，依靠其高差产生的重力，通过注入器，滴注到井口油套管环形空间（或管道内）。滴注工艺流程简单，操作方便，特别适合用于加注气相缓蚀剂，只要滴到井下（或管道内）即可，其缺点是高差有限，加注动力不足，很容易产生气阻及中断现象，使缓蚀剂滴不下去。

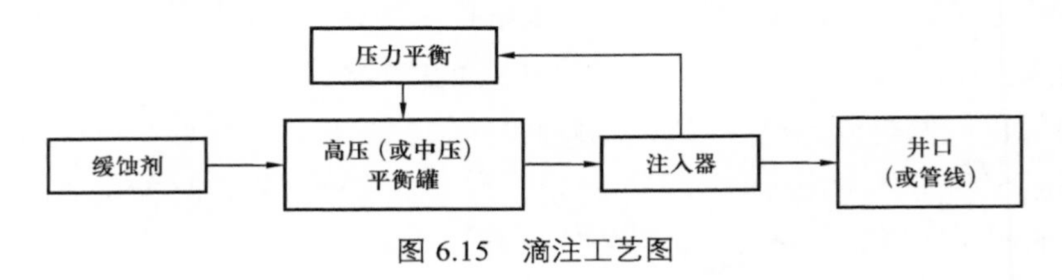

图 6.15　滴注工艺图

（2）喷雾泵注工艺。工艺框图如图 6.16 所示，其工艺流程为：缓蚀剂贮罐（高位罐）内的缓蚀剂灌注到高压泵内，经过高压加压送到喷雾头，缓蚀剂在喷雾头内雾化，喷射到井口油套管环形空间（或管道内），雾化后的缓蚀剂液滴比较均匀充满了井口油套管环形空间（或管道内），这些液滴能够比较均匀地附着在钢材表面上，形成保护膜。喷雾泵注工艺的技术关键是喷雾头，其雾化效果好坏决定了缓蚀剂的保护效果。

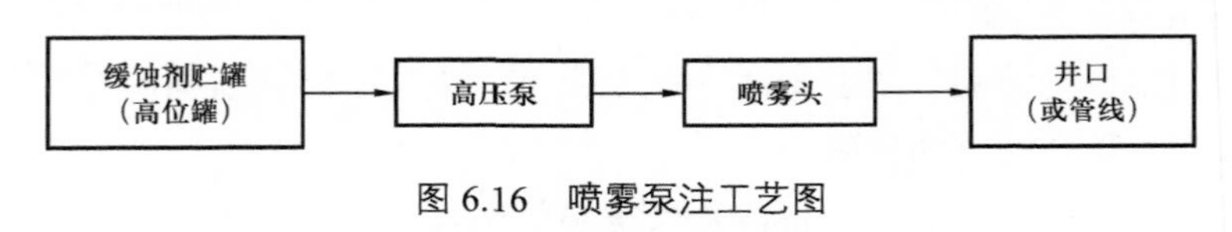

图 6.16　喷雾泵注工艺图

（3）引射注入工艺。引射注入工艺特别适用于有富余压力的井口集气管线，滴注工艺框图如图 6.17 所示，其工艺流程为：贮存在中压平衡缓蚀剂罐内的缓蚀剂，在该罐与引射器高差所产生的压力下滴入引射器喷嘴前的环形空间，缓蚀剂在喷嘴出口高速气流冲击下与来自高压气源的天然气充分搅拌、混合、雾化并送入注入器然后喷到管道内。经过引射器雾化后的缓蚀剂液滴比较均匀地悬浮在管道天然气中，能比较均匀地附着在管道内壁，形成液膜，保护钢材表面不受腐蚀。

（4）引射喷雾工艺。引射喷雾工艺是将引射和喷雾两个工艺过程结合起来，对于井口集气管线，其工艺框图如图 6.18 所示。缓蚀剂贮罐（高位罐）内的缓蚀剂，经过高压泵加压后送到喷雾头，喷射到引射器喷嘴前的环形空间，雾化后的缓蚀剂在引射器嘴高速气流冲击下进行二次细化，形成长时间能够悬浮在天然气中的微小液滴，均匀充满整个管道，均匀地附着在管道内壁形成液膜，有效保护钢材表面不受腐蚀。

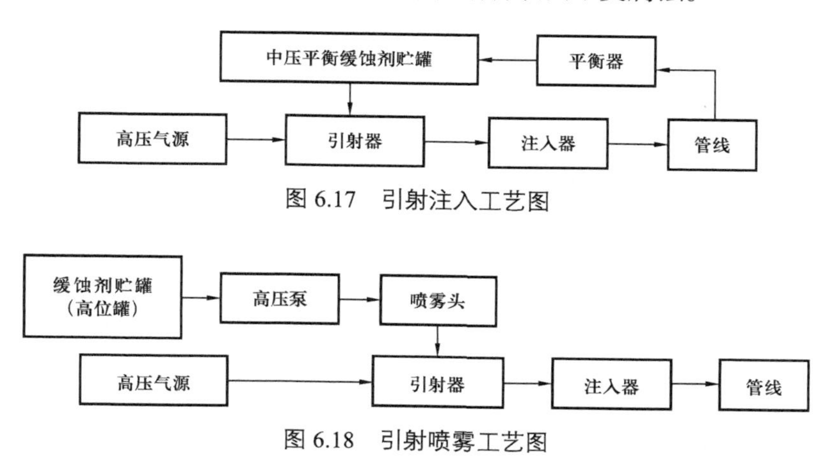

图 6.17　引射注入工艺图

图 6.18　引射喷雾工艺图

6.3.2　缓蚀剂对地面集输管线耐蚀性能的影响评价

6.3.2.1　实验条件

地面集输管线缓蚀剂实验室腐蚀工况条件见表 6.8，实验方法见第 2 章，所用缓蚀剂为咪唑啉类。

表 6.8　实验条件

工况	$H_2S+CO_2+O_2$	H_2S+CO_2
温度 /℃	50	
H_2S 分压 /MPa	0.009	
CO_2 分压 /MPa	0.42	
O_2 分压 /MPa	0.03	—
总压 /MPa	3	
地层水	见表 6.3	
试验时间 /h	168	
流速 /（m/s）	2	
材质	20G、245S、L360S、2205	
缓蚀剂加量 /（mg/L）	100	

6.3.2.2 缓蚀剂条件下的 CO_2+H_2S 腐蚀行为

图 6.19 所示为 20G、245S、L360S 和 2205 钢在 CO_2+H_2S 环境中添加缓蚀剂后的腐蚀形貌。2205 双相不锈钢试样表面光滑，打磨痕迹尚在，可见金属光泽；而其他 3 种材料的试样表面可见黄色或红褐色腐蚀产物覆盖，其中 20G、245S 试样表面宏观腐蚀形貌类似，而 L360S 试样表面腐蚀相对轻微。

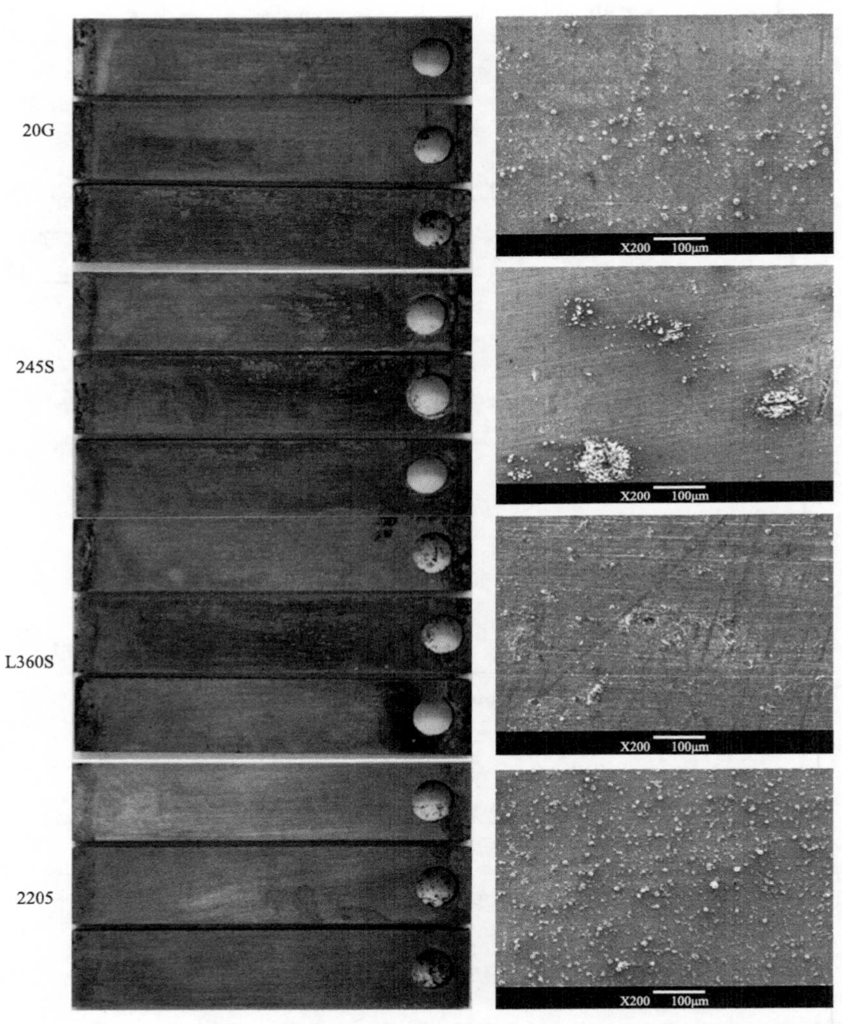

图 6.19　20G、245S、L360S 和 2205 钢在 CO_2+H_2S 环境中添加缓蚀剂后的腐蚀形貌

对试样表面腐蚀产物进行显微组织观察，发现四种材料表面均出现腐蚀产物堆积，2205 双相不锈钢试样表面腐蚀产物较少，只在局部有颗粒状腐蚀产物，而其他 3 种材料的试样表面腐蚀产物比 2205 双相不锈钢多，但仍可看见打磨痕迹。由于该条件下材料表面腐蚀产物极少，难以分析腐蚀产物组成。

4 种试样清洗后可知 2205 双相不锈钢试样表面几乎未见点蚀痕迹，而其他 3 种材料的试样表面点蚀轻微。

6.3.2.3 缓蚀剂条件下的 $CO_2+H_2S+O_2$ 腐蚀行为

图 6.20 所示为 20G、245S、L360S 和 2205 钢在 $CO_2+H_2S+O_2$ 环境中添加缓蚀剂后的腐蚀形貌。4 种材质试样表面几乎全部被黄褐色腐蚀产物覆盖，2205 双相不锈钢试样表面局部可见金属光泽。清洗后发现除了 2205 双相不锈钢表面可见金属光泽外，其余试样表面均因清洗掉了腐蚀产物而呈现暗灰色。

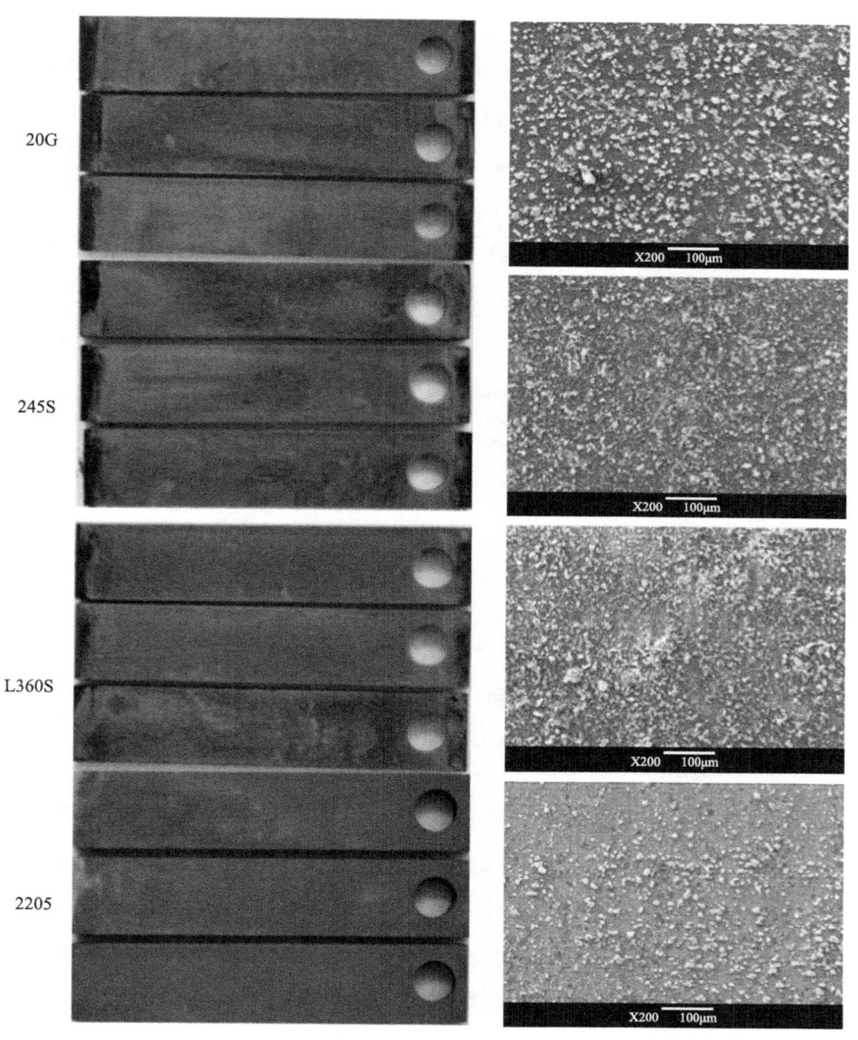

图 6.20　20G、245S、L360S 和 2205 钢在 $CO_2+H_2S+O_2$ 环境中添加缓蚀剂后的腐蚀形貌

对试样表面腐蚀产物进行显微组织观察，发现 2205 双相不锈钢试样表面仅可见少许腐蚀产物附着，而其他 3 种材料的试样表面均覆盖一层较厚的腐蚀产物，局部区域出现

腐蚀产物堆积。物相分析表明，20G 和 245S 试样表面的腐蚀产物主要为 Fe_3O_4 和 $FeCO_3$，L360S 表面产物主要为 $FeCO_3$ 和 FeS，而 2205 材料表面产物极少，难以分析。清洗后可见 2205 双相不锈钢试样表面几乎未见点蚀痕迹，而其他 3 种材料的试样表面已经出现较为明显的局部腐蚀。

20G 表面局部腐蚀速率最大，可达 1.3557mm/a，其次是 L360S，局部腐蚀速率为 1.1993mm/a，最后是 245S，局部腐蚀速率为 0.6779mm/a。依据 NACE SP 0775—2013 标准所列分类，这 3 种材料在此种腐蚀条件下为极严重腐蚀。

6.3.2.4 缓蚀效果分析

表 6.9 为 4 种材料在 CO_2+H_2S+O_2 条件和 CO_2+H_2S 条件下添加缓蚀剂后的均匀腐蚀速率汇总及在 CO_2+H_2S 环境中的腐蚀速率对比分析。可以看出，在 CO_2+H_2S+O_2 腐蚀条件下，所用咪唑啉类缓蚀剂并未起到缓蚀作用，4 种材料的腐蚀速率均增大，缓蚀剂与材料的匹配性不好，有必要进一步进行缓蚀剂的筛选工作。在 CO_2+H_2S 腐蚀条件下，加入缓蚀剂后，低碳钢 20G、245S、L360S 的均匀腐蚀速率显著下降，其数值远低于 SY/T 5329—2022《碎屑岩油藏注水水质指标技术要求及分析方法》标准规定的 0.076mm/a，并且缓蚀剂的缓蚀效率均在 60% 以上，具有良好的缓蚀效果。

表 6.9 两种腐蚀条件下集输管线材质的均匀腐蚀速率及缓蚀效率计算结果

条件		20G	245S	L360S	2205
CO_2+H_2S+O_2	空白 /（mm/a）	0.1671	0.1421	0.1417	0.0007
	加缓蚀剂 /（mm/a）	0.2206	0.2257	0.2131	0.0023
	缓蚀效率 /%	—	—	—	—
CO_2+H_2S	空白 /（mm/a）	0.0979	0.1050	0.0866	0.0005
	加缓蚀剂 /（mm/a）	0.0069	0.0073	0.0068	0.0002
	缓蚀效率 /%	93	93	92.1	60

图 6.21 和图 6.22 为添加缓蚀剂前后低碳钢集输管线材质 20G、245S 及 L360S 试样在 CO_2+H_2S+O_2 条件和 CO_2+H_2S 条件下的表面微观腐蚀形貌。可以看出，在 CO_2+H_2S+O_2 腐蚀条件下，由于缓蚀剂并未起到作用，三种材料的试样表面局部腐蚀更加严重；在 CO_2+H_2S 腐蚀条件下，缓蚀剂的作用良好，三种材料试样表面未出现明显局部腐蚀迹象。

综上所述，针对低碳钢集输管线在 CO_2+H_2S+O_2 和 CO_2+H_2S 环境中的均匀腐蚀速率偏大，且局部腐蚀较为严重的状况，在 CO_2+H_2S 腐蚀条件下加入缓蚀剂 100mg/L 后，低碳钢 20G、245S、L360S 的均匀腐蚀速率显著下降，其数值远低于 SY/T5329—2022 标准规定的 0.076mm/a，缓蚀效率均在 60% 以上，并且试样表面未出现明显局部腐蚀迹象，具有良好的缓蚀效果。在 $CO_2+H_2S+O_2$ 腐蚀条件下，缓蚀剂并未起到缓蚀作用，其与材料的匹配性不好。

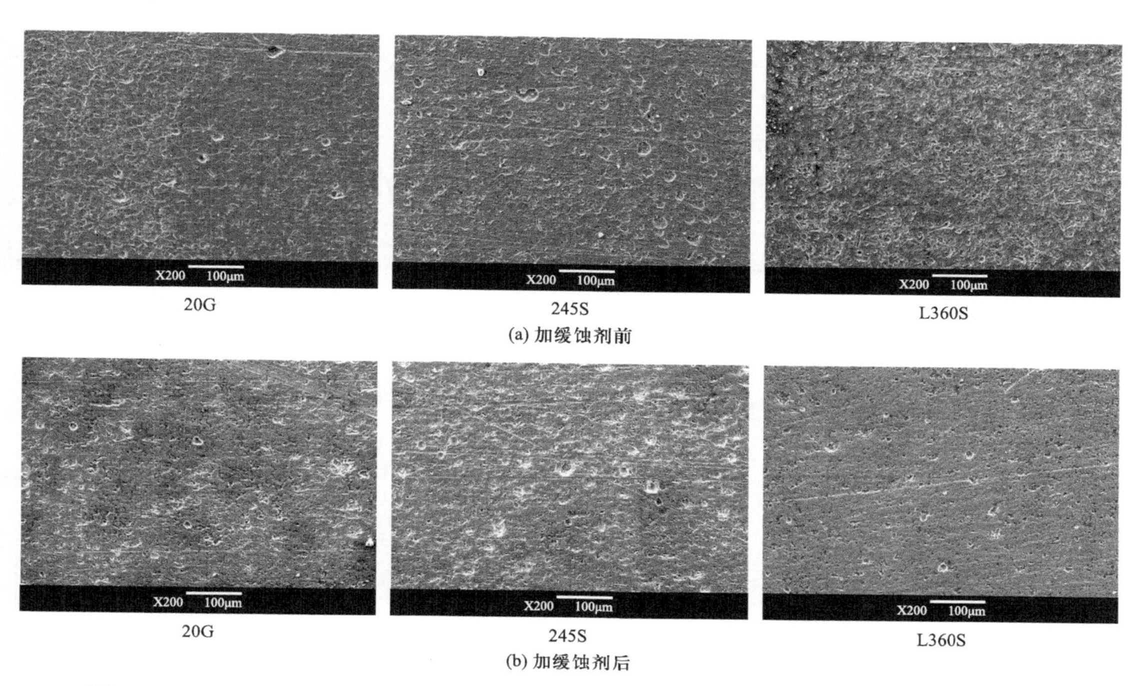

图 6.21 $CO_2+H_2S+O_2$ 环境下，添加缓蚀剂前后低碳钢集输管线材质试样表面微观腐蚀形貌

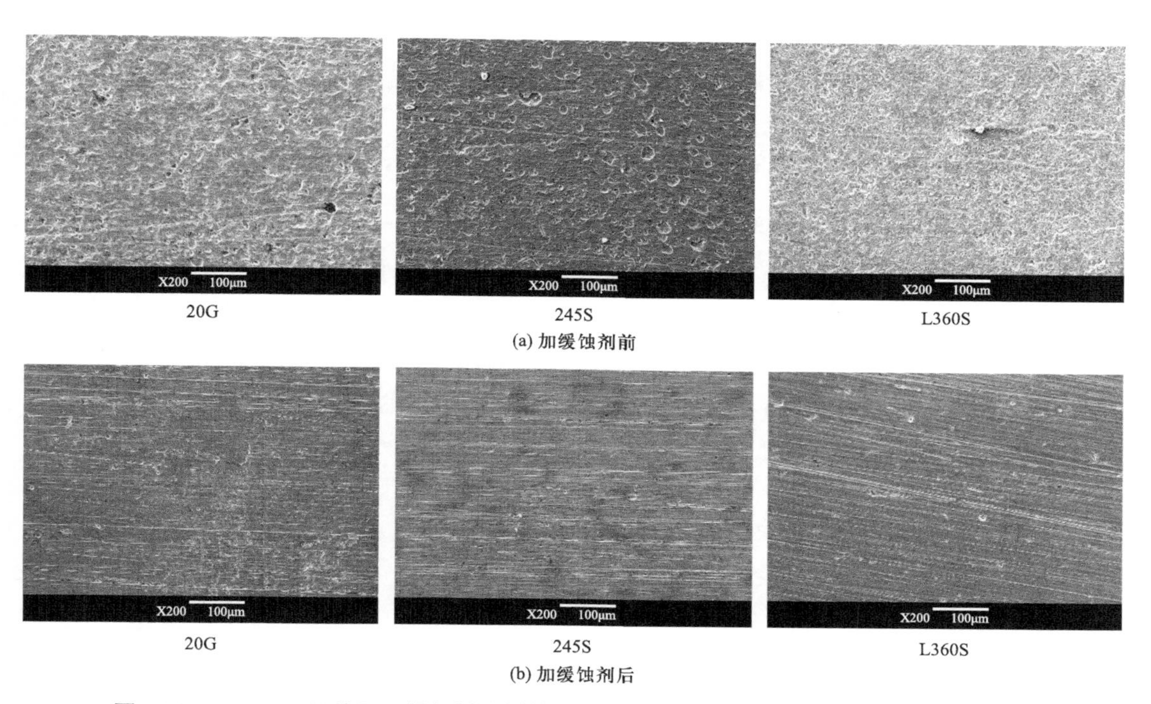

图 6.22 CO_2+H_2S 环境下，添加缓蚀剂前后低碳钢集输管线材质试样表面微观腐蚀形貌

6.3.3 缓蚀剂对油套管耐蚀性能的影响评价

根据第 5 章的研究结果，油套管用碳钢及低合金钢的 $CO_2+H_2S+O_2$、CO_2+H_2S 腐蚀速率在 120℃出现极值点，特选择 120℃为缓蚀效果评价的温度节点。

6.3.3.1 研究方法

油套管材质的实验室添加缓蚀剂腐蚀工况条件见表 6.10，所用缓蚀剂为咪唑啉类。

表 6.10 实验条件

工况	$H_2S+CO_2+O_2$	H_2S+CO_2
温度 /℃	120	
H_2S 分压 /MPa	0.009	
CO_2 分压 /MPa	0.42	
O_2 分压 /MPa	0.03	0
总压 /MPa	3	
地层水 /（mg/L）	见表 6.3	
实验时间 /h	168	
流速 /（m/s）	2	
材质	N80、90H、90H−3Cr、90H−9Cr、90H−13Cr、15Cr−125	
缓蚀剂加量 /（mg/L）	100	

6.3.3.2 缓蚀剂条件下的 CO_2+H_2S 腐蚀行为

图 6.23 所示为 N80、90H、90H−3Cr、90H−9Cr、90H−13Cr、15Cr−125 六种材质在 CO_2+H_2S 中加缓蚀剂腐蚀后的形貌。N80、90H 和 90H−3Cr 试样表面可见不均匀的黄褐色及黑色腐蚀产物附着，90H−9Cr、90H−13Cr 和 15Cr−125 试样表面腐蚀产物少，尤其是 90H−13Cr 和 15Cr−125 试样，局部区域还可见金属光泽。物相分析表明 N80 和 90H−3Cr 试样表面的腐蚀产物主要为 $FeCO_3$，其他试样由于表面腐蚀产物极少，难以对其进行物相分析。

清洗后观察发现，N80、90H、90H−3Cr、90H−9Cr、90H−13Cr 和 15Cr−125 六种材料试样表面加工痕迹较明显，均未发生明显的局部腐蚀。

6.3.3.3 缓蚀剂条件下的 $CO_2+H_2S+O_2$ 腐蚀行为

图 6.24 所示为 N80、90H、90H−3Cr、90H−9Cr、90H−13Cr、15Cr−125 六种材质在 $CO_2+H_2S+O_2$ 中加缓蚀剂腐蚀后的形貌。所有试样表面均有一层腐蚀产物膜覆盖，其中

N80、90H 和 90H−3Cr 试样表面腐蚀产物膜不均匀，局部可见腐蚀的痕迹；90H−13Cr 和 15Cr−125 试样表面腐蚀产物膜覆盖较均匀。

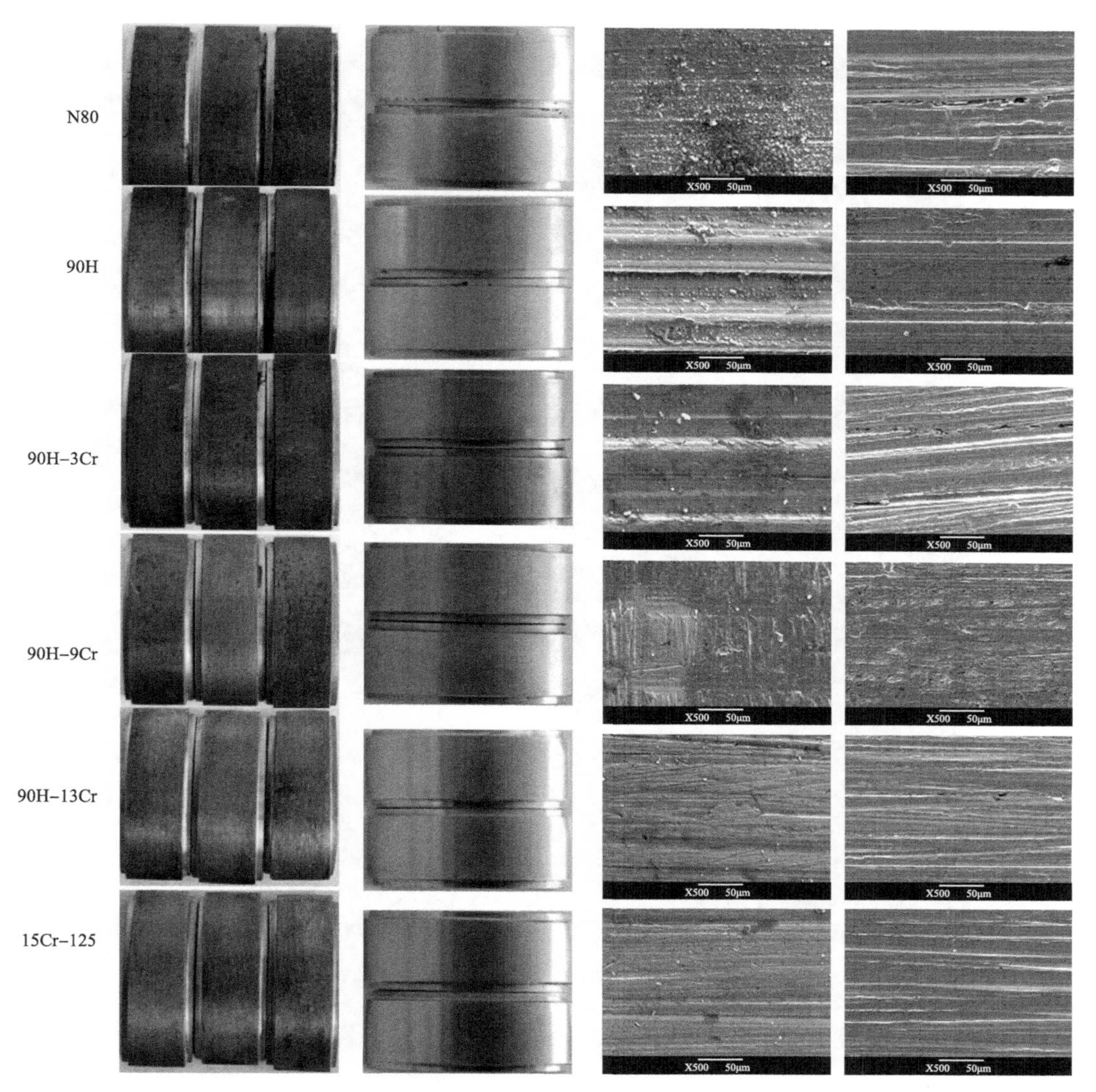

图 6.23　六种油套管材质在 CO_2+H_2S 中加缓蚀剂腐蚀后形貌

观察腐蚀产物的微观形貌可见，N80、90H 及 90H−3Cr 这三种材料的试样表面腐蚀产物较多，腐蚀产物层较厚，有大小不一的颗粒状腐蚀产物覆盖；90H−9Cr 表面腐蚀产物相对较少，局部可见金属基体；90H−13Cr 和 15Cr−125 试样表面仅可见少许腐蚀产物附着。物相分析表明，N80、90H、90H−3Cr 和 90H−9Cr 试样表面的腐蚀产物主要为 $FeCO_3$ 和 Fe_3O_4，产物没有出现 H_2S 腐蚀产物成分，表明该模拟条件下，CO_2 和氧腐蚀占主导作用。90H−13Cr 和 15Cr−125 材料表面由于腐蚀产物极少，难以对其进行物相分析。

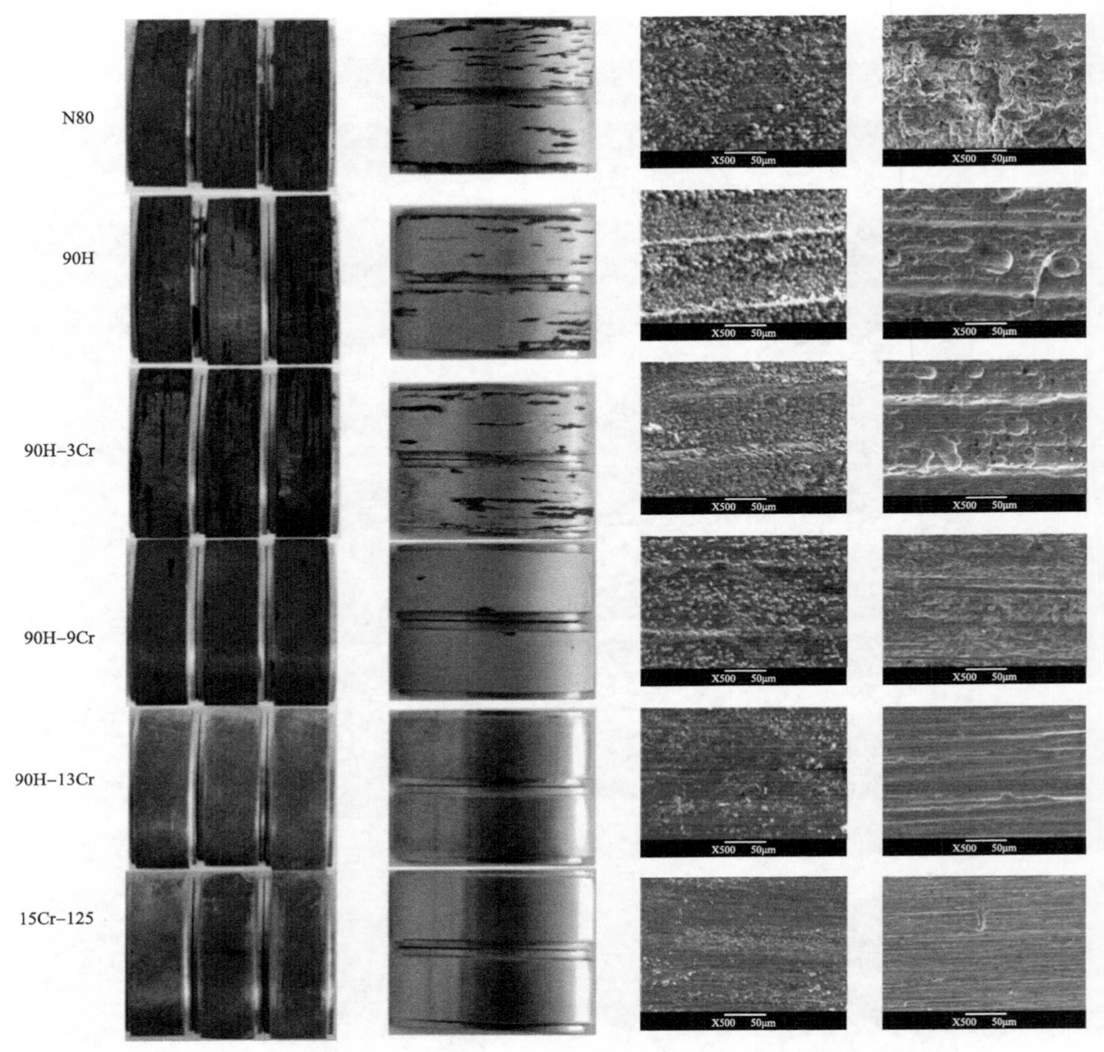

图 6.24　六种油套管材质在 CO_2+H_2S+O_2 中加缓蚀剂腐蚀后形貌

清洗试样后可见 N80、90H 和 90-3Cr 试样表面整体都发生了腐蚀，局部腐蚀严重，呈条带状，且点蚀明显，试样表面可见密集点蚀坑分布；90H-9Cr、90H-13Cr 和 15Cr-125 试样表面腐蚀较轻，可见加工痕迹。90H-13Cr 和 15Cr-125 试样表面光滑，腐蚀痕迹很少，90H-9Cr 试样除部分黑色区域腐蚀严重，其余部分几乎未见点蚀痕迹。

N80、90H 和 90H-3Cr 三种材料均有点蚀发生，90H-3Cr 点蚀速率最大，可达 1.5121mm/a；其次是 90H，点腐蚀速率为 1.2514mm/a；90H-13Cr 和 15Cr-125 不锈钢表面未发生局部腐蚀。

6.3.3.4　缓蚀效果分析

加缓蚀剂后，CO_2+H_2S 腐蚀条件下六种材料的平均腐蚀速率如图 6.25 所示。可见

90H 和 90H−3Cr 的平均腐蚀速率最大，为 0.064mm/a；15Cr−125 平均腐蚀速率最小，为 0.0047mm/a。参照 NACE SP 0775—2013 标准对这 6 种材料在此条件下的腐蚀程度进行分类：N80、90H−13Cr 和 15Cr−125 为轻度腐蚀，90H−9Cr、90H−3Cr 和 90H 为中度腐蚀。

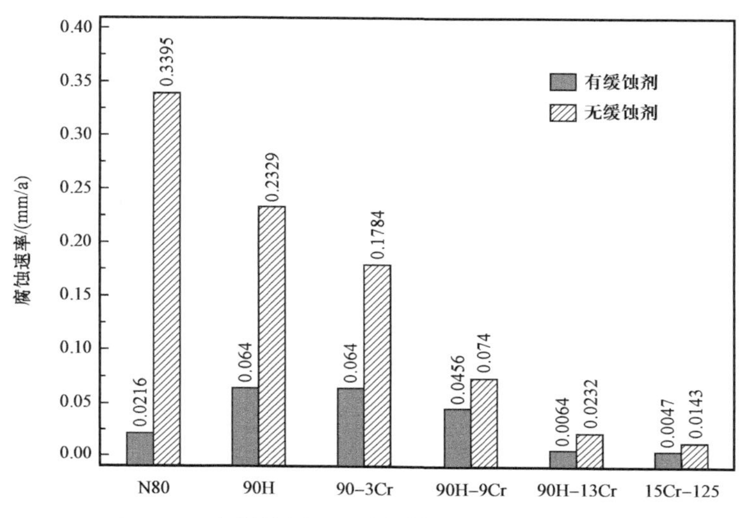

图 6.25 加缓蚀剂后六种材料 CO_2+H_2S 腐蚀速率

与未添加缓蚀剂相比，六种材料的腐蚀速率均显著减小，且腐蚀速率小于石油行业标准 SY/T 5329—2022 标准的规定（标准规定均匀腐蚀率低于 0.076mm/a）。该缓蚀剂在 CO_2+H_2S 腐蚀条件下表现出优异的缓蚀性能。依据缓蚀剂评价公式计算得出 N80、90H、90H−3Cr、90H−9Cr、90H−13Cr 和 15Cr−125 6 种材料的缓蚀率分别为 93.6%、72.5%、64.1%、38.4%、72.4% 和 67.1%。可见除 90H−9Cr 外，其余材料的缓蚀效果显著，缓蚀剂在无氧条件下与材料匹配性好。

CO_2+H_2S+O_2 腐蚀条件下，加缓蚀剂后六种材料的均匀腐蚀速率的结果如图 6.26 所示。六种材料的平均腐蚀速率按照从大到小的顺序依次分别为 90H、90H−3Cr、N80、90H−9Cr、90H−13Cr 和 15Cr−125。其中均匀腐蚀速率最大的是 90H，为 0.3297mm/a；最小的是 15Cr−125，为 0.0048mm/a。参照 NACE SP 0775—2013 标准可知，90H 为极严重腐蚀，N80、90−3Cr 和 90H−9Cr 为严重腐蚀，90H−13Cr 和 15Cr−125 为轻度腐蚀。与未添加缓蚀剂相比，90H、90H−3Cr 和 90H−9Cr 腐蚀速率增大了，缓蚀剂未起到缓蚀效果；N80、90H−13Cr 和 15Cr−125 三种材料的腐蚀速率均显著减小，但 N80 的腐蚀速率仍远大于石油行业 SY/T5329—2022 规定的 0.076mm/a。该缓蚀剂对 90H−13Cr 和 15Cr−125 不锈钢效果显著，缓蚀效率分别为 57.5% 和 69.6%。

图 6.27 和图 6.28 为添加缓蚀剂前后 N80、90H 和 90H−3Cr 试样在 CO_2+H_2S+O_2 和 CO_2+H_2S 条件下的表面微观腐蚀形貌。可以看出，在 CO_2+H_2S+O_2 腐蚀条件下，由于缓

蚀剂并未起到缓蚀作用，三种材料的试样表面局部腐蚀依然比较严重；在 CO_2+H_2S 腐蚀条件下，缓蚀剂的缓蚀作用良好，三种材料试样表面未出现明显局部腐蚀迹象。

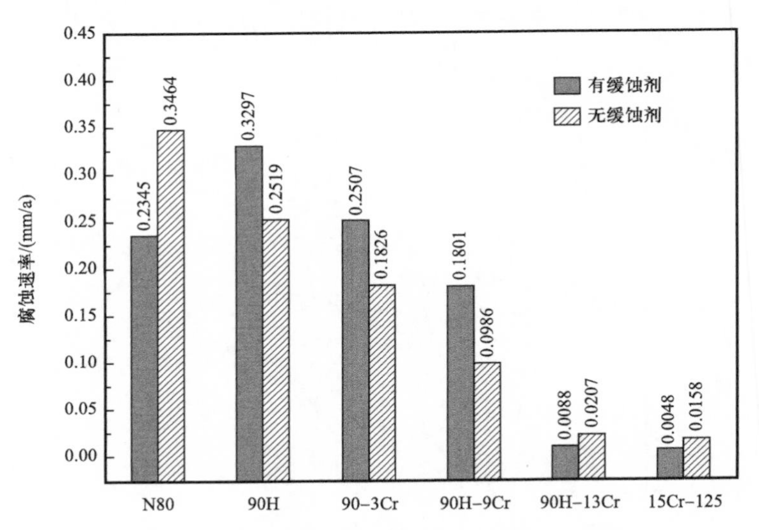

图 6.26　加缓蚀剂后六种材料 $CO_2+H_2S+O_2$ 腐蚀速率

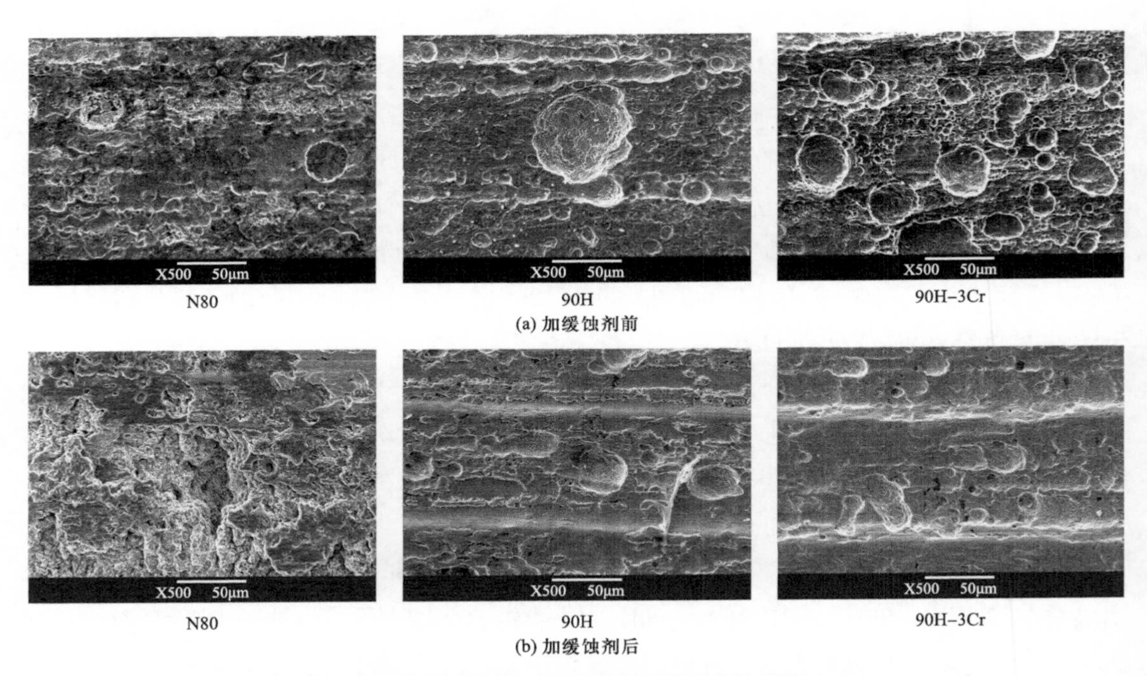

图 6.27　添加缓蚀剂前后油套管材质试样表面微观腐蚀形貌（$CO_2+H_2S+O_2$）

综上所述，选用缓蚀剂在 CO_2+H_2S 腐蚀条件下对碳钢及低合金钢油套管材质具有良好的缓蚀性能，而在 $CO_2+H_2S+O_2$ 腐蚀条件下仅对 90H–13Cr 和 15Cr–125 不锈钢的缓蚀效果显著。若考虑到高温稳定性最安全的防护措施仍是使用耐蚀材料。

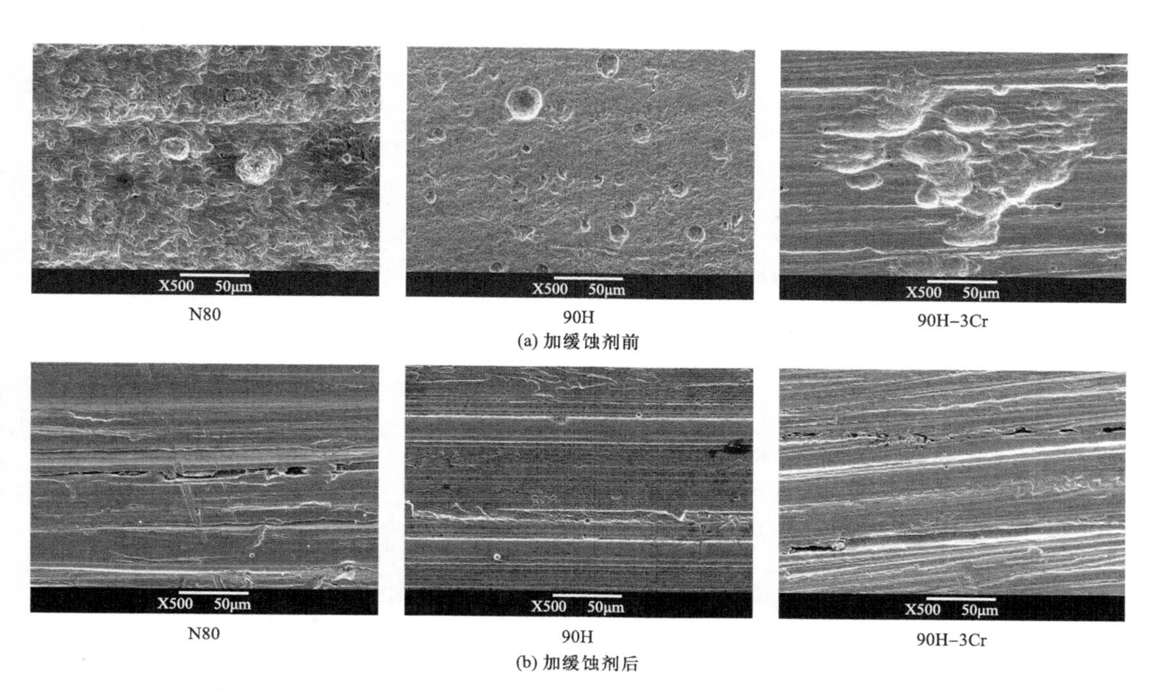

图 6.28 添加缓蚀剂前后油套管材质试样表面微观腐蚀形貌（CO_2+H_2S）

参考文献

[1] James，G Speight. 稠油及油砂提高采收率方法［M］. 北京：石油工业出版社，2017.

[2] 王红庄. 稠油开发技术［M］. 北京：石油工业出版社，2019.

[3] 杨钊. 稠油油藏火烧油层技术原理与应用［M］. 北京：中国石化出版社，2015.

[4] 李辉. 杜 66 火驱采油技术研究［D］. 大庆：东北石油大学，2015.

[5] 张敬华，杨双虎，王庆林. 火烧油层采油［M］. 北京：石油工业出版社，2000.

[6] 韩霞. 郑 408 块火烧驱油注气井腐蚀原因分析及对策［J］. 腐蚀科学与防护技术，2010，22（3）：247-250.

[7] 王温栋，潘竟军，陈莉娟，等. 注空气火驱采油过程中油套管用钢的高温氧化行为［J］. 机械工程材料，2015，39（3）：36-40.

[8] 计玲，潘竟军，陈龙，等. 火驱工况下注气井井口及管柱的腐蚀研究机材质优选［C］. 2016 年石油化工企业防腐与防护高端技术研讨会论文集，142-152.

[9] 王凤平，陈家坚，臧晗宇. 油气田腐蚀与防护［M］. 北京：科学出版社，2016.

[10] 路民旭，张雷，杜艳霞. 油气工业的腐蚀与控制［M］. 北京：化学工业出版社，2015.

[11] 李海奎. 注空气过程中井下管柱氧腐蚀防护技术研究［D］. 青岛：中国石油大学（华东），2015.

[12] 吴静. 注空气驱油过程中碳钢的腐蚀行为研究［D］. 武汉：华中科技大学，2014.

[13] 石鑫，李大朋，张志宏，等. 温度对注气井 P110 油管钢耐蚀性能的影响［J］. 材料保护，2017，50（12）：8-10.

[14] RYBALKA K V，BEKETAEVA L A，DAVYDOV A D. Effect of Dissolved Oxygen on the Corrosion Rate of Stainless Steel in a Sodium Chloride Solution［J］. Russian Journal of Electrochemistry，2018，54（12）：1284-1287.

[15] 刘强，孟德宇，羊东明，等. 温度对注气井井筒腐蚀行为的影响［J］. 材料保护，2018，51（2）：18-21.

[16] 翟金坤. 金属高温腐蚀［M］. 北京：北京航空航天大学出版社，1994.

[17] 张朝能. 水体中饱和溶解氧的求算方法探讨［J］. 环境科学研究，1999（2）：57-58.

[18] 李海奎. 注空气过程中井下管柱氧腐蚀防护技术研究［D］. 青岛：中国石油大学（华东），2015.

[19] 喻智明. 注氮气驱井筒氧腐蚀行为研究［D］. 成都：西南石油大学，2017.

[20] 潘建澎，史宝成，张兴凯，等. 减氧空气驱注入井井筒管柱氧腐蚀实验研究［J］. 石油机械，2022，50（5）：1-10.

[21] 计玲，陈龙，陈莉娟，等. 热采转火驱生产井油管的腐蚀失效分析［J］. 腐蚀与防护，2017，38（6）：487-490.

[22] 计玲，陈莉娟，张鹏，等. 热采老井转火驱生产油管断裂失效分析［J］. 腐蚀与防护，2019，40（2）：147-150.

[23] 陈莉娟，潘竟军，陈龙，等. 火驱重力泄油水平井油管失效分析［J］. 腐蚀与防护，2019，40（5）：336-339.

[24] 王苏雯. 火驱尾气回注过程相态及工艺研究［D］. 西安：西安石油大学，2019.

[25] KAHYARIAN A，BROWN B，NESIC S. Electrochemistry of CO_2 Corrosion of Mild Steel：Effect of CO_2 on Iron Dissolution Reaction［J］. Corrosion Science，2017（129）：146-151.

[26] ALMEIDA T C，BANDEIRA M C E，MOREIRA R M，et al. Discussion on "Electrochemistry of CO_2 Corrosion of Mild Steel：Effect of CO_2 on Iron Dissolution Reaction" by A. Kahyarian，B. Brown，S. Nesic，［Corros. Sci. 129（2017）：146-151］［J］. Corrosion Science，2018（133）：417-422.

[27] EDA A，UEDA M，MUKAI S. CO_2 behavior of carbon and Cr Steel，Advances in CO_2 Corrosion［M］，

Houston，TX：NACE，1984（1）：39-51.

[28] DEWAARD C，MILLIAMS D E. Carbonic Acid Corrosion of Steel [J]. Corrosion，1975，31（5）：177-181.

[29] MA H Y，CHENG X L，LI G Q，et al. The influence of hydrogen sulfide on corrosion of iron under different conditions [J]. Corrosion，2000（42）：1669-1683.

[30] American National Standards Institute，NACE International. ANSI/NACE MR0175/ISO 15156-2：2015，Petroleum and natural gas industries-Materials for use in H_2S-containing environments in oil and gas production-Part 2：Cracking-resistant carbon and low-alloy steels，and the use of cast irons [S]. USA，2015.

[31] 钱惠杰. 稠油火驱尾气管道内腐蚀与防护技术研究 [D]. 成都：西南石油大学，2016.

[32] 林学强. 碳钢和低合金钢在含 O_2 高温高压 CO_2 油气田环境中腐蚀行为研究 [D]. 北京：北京科技大学，2015.

[33] 万里平，孟英峰，梁发书. 油气田开发中的二氧化碳腐蚀及影响因素 [J]. 全面腐蚀控制，2003（2）：14-17.

[34] MCINTIRE G，LIPPERT J，YUDELSON J. The Effect of Dissolved CO_2 and O_2 on the Corrosion of Iron [J]. Corrosion，1990，46（2）：91-95.

[35] ROSLI N R，CHOI Y S，YOUNG D. Impact of Oxygen Ingress in CO_2 Corrosion of Mild Steel [J]. Corrosion，2014，4299.

[36] XIONG Y，CHEN D，WANG J. Simulative corrosion experiment study of the oil and gas field [J]. Drilling Technology，2008，31（4）：118-121.

[37] GULBRANDSEN E，KVAREKVAL J，MILAND H. Effect of oxygen contamination on inhibition studies in carbon dioxide corrosion [J]. Corrosion 2005，NACE International，Houston/Texas，2005，1086.

[38] ROGNE T，JOHNSEN R. The effect of CO_2 and oxygen on the corrosion properties of UNS S31245 and UNS S31803 in brine solution [J]. Corrosion 1992，NACE International，Houston/Texas，1992，295.

[39] 宋庆伟，黄雪松，岳淑娟，等. 中原油田集输管线多相流腐蚀模型预测 [J]. 钻采工艺，2008，31（4）：130-131.

[40] MARTIN R L. Corrosion consequences of oxygen entry into oilfield brines [J]. Corrosion，2002，NACE International，Houston/Texas，2002，02270.

[41] 黄天杰，马锋，范冬艳，等. CO_2 和 O_2 的分压比对 N80 套管钢氧腐蚀行为研究 [J]. 石油知识，2020，201（2）：58-59.

[42] ZHANG Y N，ZHAO G X，CHENG Y F. Effect of O_2 on down-hole corrosion during air-assisted steam injection for heavy oil recovery [J]. Corrosion Engineering，Science and Technology，2019，54（4）：310-316.

[43] SUN CH，SUN J B，WANG Y，et al. Synergistic Effect of O_2，H_2S and SO_2，Impurities on the Corrosion Behavior of X65 Steel in Water-saturated Supercritical CO_2 System [J]. Corrosion Science，2016，107：193-203.

[44] 鲁群岷，岳波，龚智力. 含 CO_2 油田介质环境中 O_2 对 X80 钢腐蚀行为的影响 [J]. 腐蚀与防护，2019，40（6）：408-413.

[45] 宋晓琴，王彦然，梁建军，等. 35CrMo 钢在 O_2/H_2S 和 CO_2 共存体系中的腐蚀行为研究 [J]. 天然气与石油，2018，36（6）：92-96.

[46] LUO B W，ZHOU J，BAI P P，et al. Comparative study on the corrosion behavior of X52，3Cr and 13Cr steel in an O_2-H_2O-CO_2 system：products，reaction kinetics，and pitting corrosion [J]. International Journal of Minerals，Metallurgy and Materials，2017，24（6）：646-656.

[47] 宋晓琴，王喜悦，王彦然．O_2–H_2S–CO_2 条件下 O_2 分压对 316 钢腐蚀行为的影响规律［J］．材料保护，2019，52（8）：61–68.
[48] LYLE F F. Evaluation of the effects of natural gas contaminants ion corrosion in compressed natural gas storage systems：section 2［A］. U. S. Southwest Research Institute，1989.
[49] 计玲．热采井常用油套管材料在酸性介质中的腐蚀行为［J］．腐蚀与防护，2016，37（8）：635–638，643.
[50] CHEN L J，PAN J J，CHEN L，et al. Different materials in the simulated fire flooding production condition to research the regular of corrosion［C］. 2018 年第三届国际稠油热采研讨会（成都）.
[51] 梁建军，陈龙，蔡罡，等．井口材质 2Cr13 钢在 CO_2+H_2S+O_2 下的腐蚀研究［C］. 2016 年石油化工企业防腐与防护高端技术研讨会论文集，41–45.
[52] 梁建军，陈龙，陈莉娟，等．火驱生产管柱在 CO_2+H_2S+O_2 下的腐蚀研究［C］. 2017 年油气田勘探与开发国际会议论文集，79–84.
[53] 陈莉娟，潘竟军，陈龙，等．火驱生产井套管材质腐蚀规律及机理研究［C］. 2015 年中国石油学会注气提高采收率技术研讨会论文集，155–159.
[54] 李晓东．注空气过程中井下管柱氧腐蚀规律及防护实验研究［J］. 科学技术与工程，2018，18（35）：18–25.
[55] 李铁藩．金属高温氧化与热腐蚀［M］. 北京：化学工业出版社，2003.
[56] SMITH S N，PACHECO J L. Predicting Corrosion in Slightly Sour Environments［J］. Materials performance，2002，41（8）：60–64.
[57] 卢小庆，郦江洪，马兆中，等．稠油热采井专用套管 TP90H 的开发［J］. 天津冶金,2004,（6）：6–9.
[58] 卢小庆，李勤，李春香．高强度稠油热采井专用套管 TP110H 的开发［J］. 钢管，2007，36（5）：14–17.
[59] 宗卫兵，张传友，沈淑君，等．非 APT 标准规格 TP120TH 稠油热采井专用套管的开发［J］. 天津冶金，2005,（1）：15–18.
[60] 岳磊，田青超．火驱采油套管的试制开发［J］. 山东冶金，2010，32（3）：53–55.
[61] 叶帆，高秋英．凝析气田单井集输管道内腐蚀特征及防腐技术［J］. 天然气工业，2010，30（4）：96–101.
[62] 王佳，曹楚南．缓蚀剂阳极脱附现象的研究：Ⅳ. 缓蚀剂浓度极值现象［J］. 中国腐蚀与防护学报，1996（1）：15–19.
[63] SAYED M. Effect of Flow and pH on CO_2 Corrosion and Inhibition［D］. Ph.D.diss，Corrosion and Protection Centre，UMIST，1989.
[64] MALIK. Influence of quartemary amine alkyl chain length on corrosion inhibition of mild steel in CO_2 saturated 5% NaCl solution at pH6［J］. British Corrosion Journal，1997，32（2）：150–152.
[65] MURAKAWA T，KATO T，NAGAURA S，et al. Differential capacity curves of iron in perchloric acid in the presence of anions［J］. Corrosion Science，1967，7（10）：657–664.